旧工业建筑改造
与众创空间设计

刘毅　郭洪武　编著

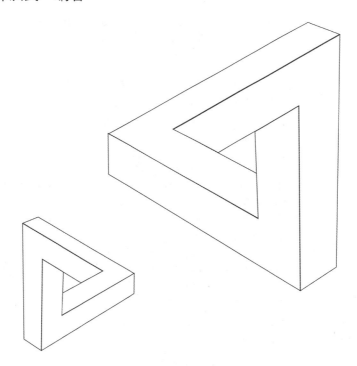

中国水利水电出版社
www.waterpub.com.cn
·北京·

内 容 提 要

　　本书在系统分析国内外旧建筑改造利用现状的基础上，以城市旧工业建筑为研究对象，从室内空间重构的角度，提出了以功能为主导的旧工业建筑室内环境改造设计原则与改造模式，引入城市化设计思想，探究了众创空间的运行模式、功能系统以及家具设计与配置方案，构建了众创空间设计理论体系。

　　本书可为大中城市旧工业建筑改造提供理论依据和实践指导，对众创空间的室内环境设计具有现实的参考价值。本书也可作为室内装修技术人员在施工方面的工具书，以及大专院校室内工程与设计专业、建筑装饰设计专业、环境艺术设计专业师生的教学参考书。

图书在版编目（CIP）数据

旧工业建筑改造与众创空间设计 / 刘毅，郭洪武编著. -- 北京 ：中国水利水电出版社，2017.8（2023.3重印）
ISBN 978-7-5170-5836-6

Ⅰ．①旧… Ⅱ．①刘… ②郭… Ⅲ．①旧建筑物－工业建筑－旧房改造－建筑设计 Ⅳ．①TU746.3

中国版本图书馆CIP数据核字（2017）第230303号

书　　名	**旧工业建筑改造与众创空间设计** JIUGONGYE JIANZHU GAIZAO YU ZHONGCHUANG KONGJIAN SHEJI
作　　者	刘毅　郭洪武　编著
出版发行	中国水利水电出版社 （北京市海淀区玉渊潭南路 1 号 D 座　100038） 网址：www. waterpub. com. cn E-mail：sales@waterpub. com. cn 电话：（010）68367658（营销中心）
经　　售	北京科水图书销售中心（零售） 电话：（010）88383994、63202643、68545874 全国各地新华书店和相关出版物销售网点
排　　版	中国水利水电出版社微机排版中心
印　　刷	天津久佳雅创印刷有限公司
规　　格	170mm×230mm　16 开本　18 印张　350 千字
版　　次	2017 年 8 月第 1 版　2023 年 3 月第 3 次印刷
印　　数	2001—3000 册
定　　价	**52.00 元**

前　言

20 世纪 90 年代以来，我国城市进入了一个急剧发展与扩张的阶段。随着城市人口的激增，住房、交通、环境等人居生态问题日益突出。在后城市热的建设规划中，为疏解城市压力和非核心功能，相当一部分工厂、企业需要转型升级改造或搬离主城区，由此而产生的大量旧工业建筑将被废弃、闲置或彻底拆除。对旧工业建筑进行合理的改造再利用，不仅可以节约城市建设成本、保护人居生态环境，还可以延续工业建筑中凝聚的时代发展印记和历史人文情感，使得城市的发展承袭地域特色和文化内涵。

当前，"大众创业、万众创新"已成为驱动中国经济转型升级发展的强大动力，众创空间作为主要载体形式可为创业者提供成长平台与孵化空间。旧工业建筑具有空间开阔、层高较高、空间改造转化能力灵活等特点，适合改造为适应创业者群体功能需求的众创空间。此外，对旧工业建筑的改造可以集约资源、释放生产要素，属于供给侧改革的一部分，有利于促进经济的绿色可持续发展。

本书在系统分析国内外旧建筑改造利用现状的基础上，以城市旧工业建筑为研究对象，从室内空间重构的角度，提出了以功能为主导的旧工业建筑室内环境改造设计原则与改造模式。引入城市化设计思想，探究了众创空间的运行模式、功能系统以及家具设计与配置方案，构建了众创空间设计理论体系。

全书共 8 章，由刘毅、郭洪武编写，具体分工如下：第 1～4 章由郭洪武、刘毅编写；第 5～8 章由刘毅、郭洪武、吴静、陈绍禹编写。研究生吴静、胡波、左静、陈绍禹、杨颖旎、庞瑶、姚微超等参与了有关章节的研究及文献资料的整理与设计绘图工作。

本书可为大中城市旧工业建筑改造提供理论依据和实践指导，对众创空间的室内环境设计具有现实的参考价值，为城市发展规划建言献策。本书也可作为室内装修技术人员在施工方面的工具书，以及大专院校室内工程与设计专业、建筑装饰设计专业、环境艺术设计专业师生的教学参考书。

本书编写过程中参考了大量书籍和有关资料，引用了部分文献和图片，得到了有关专家的帮助与指导，在此表示衷心感谢！由于作者水平有限，书中遗漏、不妥之处在所难免，敬请各位专家、同仁和广大读者不吝批评指正。

编者

2017 年 3 月

目 录

CONTENTS

第 1 章　绪论

　　旧建筑包含的范围很宽泛，凡是建成后已经投入使用过的建筑物都可归属于旧建筑的范畴。旧建筑不仅包括具有重大历史意义和文化价值的历史传统建筑和成功经典的近现代建筑，还包括大量存在的一般性老建筑，即客观存在的旧的建筑，这其中就包括旧工业建筑。

　　狭义定义下的工业建筑通常是指"工业厂房"，包括用来进行各种工业性生产的建筑物。广义定义下的工业建筑则涉及范围较大，不仅涵盖了工业厂房，还包括为辅助工业生产而构筑的其他建筑，例如储藏类建筑、后勤类建筑、办公类建筑、生活类建筑等。通常，旧工业建筑是指那些丧失了原有的生产功能，被闲置、淘汰或废弃的工业建筑。这类建筑多为近现代建筑，且其物理状态相对完好，其中一些具有一定的历史文化意义，但大多为批量存在的普通旧建筑。

　　本书研究的对象并不局限于狭义定义上的工业建筑，还包括大中城市内那些使用寿命并未完结，但由于城市产业结构的变化、用地布局规划的调整和城市非核心功能疏解，造成原有功能无法满足新时期需求的工业建筑，这些建筑多属于近、现代建筑。

1.1　旧建筑改造与再利用

　　旧建筑改造是利用原有建筑的形态和空间特征，通过外部修缮和内部环境重构，赋予其新的使用功能。西方相关专家提出，建筑改造是在强调建筑物原有结构形态或风格的前提下进行的改扩建，通常是为适应时代发展、满足新的需求而进行的局部更新或功能改造。建筑的再利用是通过对建筑的空间重组使其获得新的使用功能，从而延长建筑物原本的使用寿命，也被称为建筑的适应性利用。通过对旧建筑进行设计改造和再利用，人们能在保留建筑物历史价值和物理形态的同时创造出新的空间功能和活力。

因此，获得理想的室内空间环境是旧建筑改造的目标之一。如果将建筑空间分为外部空间与内部空间两个系统，那么建筑内部空间的意义就在于其室内环境的功能和性质。室内环境设计是在建筑的内部空间中为了满足特定的实用功能而展开的风格设计、环境营造和形态组织。室内环境的改造设计要以室内空间为载体，目的是通过合理的改造设计创造出和谐、舒适的室内环境，改造后的空间环境在满足功能要求的同时还需要反映建筑的历史文脉、建筑风格、环境气氛等精神要素。所以旧建筑室内环境的改造与设计是指通过创造性调整建筑内部空间布局和结构体系，以及对室内环境构成要素——材料、照明、肌理、布局和色彩等的重新塑造，从而使原有建筑的内部空间能够更好地发挥其潜能和使用功效。

1.2　旧建筑改造的背景及意义

1.2.1　旧建筑改造研究的背景

随着我国国民经济社会的高速发展，城市化进程的脚步日渐加快。城市化在为经济发展提供巨大动力的同时，也衍生了诸如环境、住房、交通、就业等诸多社会和生态问题。20 世纪 90 年代以来，我国的城市发展开始以更新升级再开发为主题，许多传统工业逐渐退出历史舞台。新兴高科技产业和绿色生态产业逐渐取代旧的劳动密集型和资源密集型产业，原有的生产和生活方式发生了根本性变革。曾经作为工业生产的集聚区逐渐转变为城市的功能中心，被赋予了经贸、办公、文娱、科研、会展等新的功能，从而导致大批工业建筑被闲置、废弃或拆除，逐渐退出历史舞台。然而这些建筑结构的使用寿命还没有走到尽头，具有很大的转型升级开发空间和使用价值。

在全球化进程加速的潮流下，当代建筑的结构和形象一方面推陈出新，另一方面又呈现出城市空间的趋同和建筑文化的统一。无论走在北京、上海、广州、香港、台北，抑或是纽约、巴黎、伦敦、东京、多伦多，都会发现能够区别认识这些不同城市形象的建筑物越来越少，许多古老都市失去了原本的个性，同质化越来越严重。北京，作为中国最具代表性的国际大都市，在城市建设的历程中，涌现了许多独具中国历史和文化特色的建筑，其中就包括留存着工业时代痕迹的旧工业建筑。旧工业建筑作为一个历史时代的产物，记载着丰富的工业时代的元素，传承着时代气息和文化，如何保护这种文脉并使其得以延续、发扬对于北京及其他大中城市的建设有着重要的社会和生态意义。

随着可持续绿色发展观念的不断深入，人们意识到对旧建筑进行改造再利用比将这些建筑推倒重建更有利于城市的文脉传承和可持续发展。然而，目前我国关于旧建筑改造再设计的理论和方法研究的工作尚处于摸索阶段，尽管涌现了一些成功的旧建筑改造案例，但大都只涉及建筑结构改造和外立面修缮等方面，针对旧建筑室内改造设计的研究缺乏系统性。室内环境的适应性改造设计不仅可以使原空间满足新的使用功能，而且是从另一个层面上对原建筑整体形象的延续、原建筑风格在细部上的刻画以及城市独有肌理的深入塑造。室内环境设计作为构建宏观建筑设计体系中不可或缺的重要一环，应当在旧建筑改造的研究领域中得到专业化的重视。

1.2.2 旧建筑改造研究的意义

建筑作为城市的重要组成元素，承载着城市的历史记忆和故事，当城市建筑因为城市功能结构的调整、更新而逐渐丧失原本的使用功能时，这些建筑的预期寿命即将终结。然而通过适当的改造、升级再利用，这些旧建筑可以开启新的使用历程，其在过去岁月中沉淀下来的文化价值、历史价值、技术价值、美学价值以及经济价值等将得以延续。对旧建筑进行改造设计再利用的意义在于：

（1）建筑的改造再利用可实现人类在时间历程和文化资产上的连续性。人们可以在旧建筑中感受到城市的历史和先辈的创造力，这种空间和时间上的文化认同构成了我们对城市生态环境的认同感和归属感。城市的发展需要文化和时空的延续性，城市文脉是我们生活中不可或缺的精神支柱。旧建筑作为提供这种文脉延续性的有效载体，我们应该深入探究如何更科学有效地保护和利用它们，并注入新的时代元素，而不是轻易拆毁或将只墙片瓦和照片留影存于博物馆展示，割断历史或将文化撕裂成碎片。

（2）旧建筑改造再利用有助于保持地域之间建筑文化的多元化和地方建筑的多样性。历史建筑保留下的空间形态、建造技术、装饰元素、色彩配搭手法等都有着每个时代、每寸土地、每种民族的文化印记，是建筑文化在绵延历史中最为直观的珍贵记录。在旧建筑改造中，合理科学地运用、发展好这些历史痕迹将会使世界各城市间的建筑避免趋同，从而使得不同地区的建筑呈现出丰富多彩的地域性和文化性。

（3）旧建筑改造再利用一方面能够节省城市开发和运营成本，另一方面有助于保护城市的生态环境与耕地。通常来说，建筑改造再利用可节省建设费用1/4～1/3，同时可以在实现相同使用功能的情况下，减少资源消耗、降低环境污染和缓解施工过程中对城市交通、能源供给的压力，具有十分重要的社会和生态意义。有关数据显示，全球污染总量的 40%～50% 和建筑业有关，全球接近一半以上的能量被消耗在建筑的建造和日常运营过程中。因此，旧建筑的改造再利用有利于社会的可持续发展，是一种值得大力提倡的保护生态的做法。

（4）目前，"大众创业、万众创新"已成为中国经济转型升级发展新常态的强大动力，而众创空间作为主要形式可为创业者提供成长平台与孵化空间。旧工业建筑具有空间开阔、层高较高、空间改造转化能力灵活等特点，适合改造为适应创业者群体功能需求的众创空间。此外，对旧建筑的改造再利用可以节约资源、释放生产要素，属于供给侧改革的一部分，有利于促进经济的可持续绿色健康发展。

1.3　旧建筑改造与再利用的发展现状及趋势

1.3.1　国外旧建筑改造与再利用的发展现状

1.3.1.1　国外旧建筑改造与再利用理论的发展现状

自 20 世纪初以来，针对旧建筑改造的理念在世界各地得到了不同程度的发展。1933 年通过的《雅典宪章》搭建了关于保护历史遗迹的基础体系和基本原则。1964 年，国际古迹遗址理事会通过了《国际古迹保护与修复宪章》，明确肯定了城市里普通旧建筑的价值，为当代旧建筑改造的理论和实践提供了重要依据。1965 年，美国景观大师劳伦斯·哈普林（Lawrence Halprin）在对吉拉德里广场的改造中提出"建筑再循环理论"，该理论指出建筑再循环并非简单的修复，而是通过对旧建筑的空间形态和格局的优化来完成其功能上的转变并被人们接受和认可。1977 年 12 月，建筑师及城市规划师国际会议在秘鲁召开，会议在重申历史文物建筑地位的同时扩展了旧建筑保护的内容范围，肯定了一般性旧建筑的价值。1979 年，"改造性再利用"概念在澳大利亚通过的《巴拉宪章》被首次提出。"改造性再利用"定义为：对某一建筑场所内部空间进行调整，赋予旧建筑新的功能和用途。在改造的过程中尽量将对原结构的改变降到最低程度，并为旧建筑找到恰当的新用途，使其重要性得以最大限度地保存和再现。

与此同时，国外相关专家学者对旧建筑改造进行了较多的理论研究，研究内容涵盖了旧建筑改造的原则、方法、内容和用途，而近年来人本主义、生态与环保理论、现代美学、可持续发展观念、行为建筑学等新思维的涌现，进一步拓展了旧建筑改造再利用的研究范畴，为相关研究的深入开展提供了更宽广的思路和多元的维度，有关专著和论文也陆续出版和发表。特别是英国建筑师肯尼斯·鲍威尔（Kenneth Powell）撰写的《Architecture Reborn》和《New use，Old Place，Remaking America》等专著较系统地论述了旧建筑的改造与利用；西班牙建筑师帕科·阿森西奥（Paco Asensio）的专著《生态建筑》则较为详尽地总结归纳了关于生态型建筑再利用的理论和实践。

20世纪70年代，在对待不同类型旧建筑留存的问题上，出现了两种截然不同的情形：经典的传统历史建筑得到相关政策和法规自上而下的有效保护，但保护模式僵化，"冷冻般的文物化保存模式"使得这些建筑精品万年如一日；其他普通旧建筑则在没有充分得到对其文化价值、经济价值分析鉴定的情况下被大量拆毁。近年来，人们在反思寻求另一种使旧建筑能留存下来的保护方式，因此，"存活式"保护方式即再利用的方式应运而生。欧美发达国家在关于城市历史建筑续存问题上的态度发生了明显变化，逐渐从完全保存和尽数拆毁两种手法中跳脱出来，不断进行旧建筑适应性再利用的多元化研究和探索。国外建筑保护与再利用相关文件见表1.1。

表 1.1　　　　　　　　　国外建筑保护与再利用相关文件

文件名称	年份	主要内容	保护范围
雅典宪章	1933	有关历史性纪念物修复技术、行政立法、国际协作、教育等	历史性纪念物
威尼斯宪章	1964	国际古迹保护和修复、发掘要求、记录发掘细节的档案的出版要求	历史古迹以及能见的某种文明或历史事件的城乡历史环境
世界遗产公约	1972	文化和自然遗产的定义、缔约国应遵守的保护要求和世界遗产委员会的援助	具有审美及科学价值的自然区域、文物、建筑群及古文化遗址
内罗毕建议	1976	立法、行政、经济、技术、教育、信息、国际合作及社会措施	史前遗址、历史城区和村落及相似的古迹群
马丘比丘宪章	1977	保护与发展相结合，赋予古建筑以新的生命力	历史古迹、传统文化以及优秀当代建筑在内的更广泛的文物内容
佛罗里达宪章	1982	古迹园林的保养、保护、修复、重建和利用；立法和行政保证	古迹园林
华盛顿宪章	1987	法律、行政、财政手段、居民参与、多学科研究；保护历史城镇和街区的原则、目标、方法	历史性城镇、历史地区传统民居及环境

续表

文件名称	年份	主要内容	保护范围
奈良文件	1994	文化的多样性和遗产的多样性；文化遗产保护的原真性	文化景观直至无形遗产
巴拉宪章	1999	文化产业地的保护、管理、利用指南	具有文化价值的自然胜地、本土古迹和历史圣地
下塔吉尔宪章	2003	产业遗产的价值界定、鉴定、记录和研究以及保护措施	工业建筑、构筑物及其所在的城镇和景观

1.3.1.2 国外旧建筑改造与再利用实践的发展现状

国外旧建筑保护的相关实践强调的是建筑的整体形象，提倡通过运用合理分析、科学处理的技术手段以及文化融合、凸显特色的设计理念来将旧建筑空间活化利用。在当今西方建筑实践和建造活动中，为了延长建筑生命周期而保护和改造利用旧建筑已经成为一个重要的方向。由于西方国家的城市发展趋近成熟，每年属于完全新增的建筑很少。目前，美国建筑业工程中与旧建筑改造再利用相关的达70%以上，而在欧洲更有80%的建筑业务属于此类项目。

作为首批进入后工业时代的地区，欧美国家最先对城市的结构进行了大规模调整。其中，关于旧工业建筑的大规模改建始于20世纪60年代，并且随着世界城市的竞相更新，其影响不断扩大，最终形成全球化的大趋势。1964年，美国景观大师劳伦斯·哈普林（Lawrence Halprin）将已废弃的巧克力工厂改建成购物餐饮市场，作为体现"再循环"理论的实践产物，成为工业建筑遗产商业性再利用的标杆案例，如图1.1所示。1967年，设计师阿拉普（Arap）成功地将位于英国的一座麦芽作坊改造为斯内普音乐厅。纽约的艺术家对废弃厂房和仓库的改建则催生了充满艺术气息的空间形态——LOFT。

从20世纪80年代开始，西方城市旧建筑改造的重点对象是工业时代留下来的必然产物——旧工业建筑。涉及的改造项目也不再局限于单体建筑的改造，已经逐步扩大到街区或园区等较大区域范围的改造。如德国工业发源地——鲁尔地区，面积约4000km²，拥有200多年的历史，其

图1.1 吉拉德里广场图

中大量废弃的钢铁厂和煤矿厂经改造后成为了独具特色的工业园区。而美国罗维尔国家历史公园的前身则是伫立着上百栋废弃厂房的工业区，如图 1.2 所示。

20 世纪 90 年代至今，旧建筑改造的建造模式在欧美国家得到了更高层次的推进，改造的手法和理念也不断更新，涌现了很多值得借鉴的经典实例。例如，坐落在巴黎郊外马奈河畔的雀巢公司总部是由 18 世纪的麦涅巧克力工厂改造而成的，这是 20 世纪 90 年代间最具代表性的旧工业建筑改造项目之一。该项目在改造过程中修复了工厂区建筑原有的外立面，并在新建筑空间和形式中保留了很多原有的

图 1.2　美国罗维尔国家历史公园

钢铁、砖结构以及机器设备、旋转铁梯等设施，并且大量运用了现代材料，如轻型玻璃结构等，如图 1.3 所示。

图 1.3　18 世纪的麦涅巧克力工厂和改造后的雀巢公司法国总部

与此同时，在旧建筑改造中开始融合现代主义、后现代主义、结构主义等多维设计理念，这使得旧工业建筑改造过程中运用更加生态化、智能化和高科技材料的项目案例不断涌现。例如，建筑师纳米亚（Namias）于 20 世纪 30 年代对巴黎灯泡厂的改建中运用了绿色建筑技术来实现建筑的可持续发展，如图 1.4 所示。建筑师在改造过程中将屋顶覆以太阳能电池板，实现了建筑对电力需求的自给自足，从而将改造后的建筑打造成了零能源的低碳建筑。此外，还在建筑外围设置了不锈钢网架，用于栽种绿植，使整个建筑充满生机。此类有

代表性的案例还包括将德国生产舰船螺旋桨的蔡瑟机械厂改建为汉堡媒体中心的项目等，如图1.5所示。

图1.4　巴黎灯泡厂改建后的建筑外观

图1.5　汉堡媒体中心改造前后对比

　　日本的城市发展历程中也充实着大量旧建筑改造的成功案例。20世纪60年代，日本经济发展迅速，城市建筑业呈现大拆大建的宏大现象，城市形象发生了日新月异的变化。进入70年代后，受到世界性能源危机波及，日本经济陷入低迷，而此时，全球性的历史文化遗产保护的大趋势在日本产生了重大影响。日本从70年代开始重新审视旧工业建筑改造再利用的重要性，于1975年修改了《文化财保护法》，加强并完善了建筑遗产和历史街区的保护政策。1974年，日本著名建筑师浦边镇太郎进行了"仓敷阿依比广场"的改造实践。其中，有一幢旧建筑是红砖外墙的纺织厂厂房。红砖是明治时期的象征之一。于是在改造过程中，浦边镇太郎保留了原有的红砖立面，巧妙地在新旧空间之间勾起了现代人的思旧情怀。该项目获得了日本建筑界的最高奖——建筑师学会奖。

1.3.2　国内旧建筑改造与再利用的发展现状

1.3.2.1　国内旧建筑改造与再利用理论的发展现状

　　我国对待旧建筑的观念与西方观念差异较大。中国传统的思维方式偏向于"天人合一"，在思维方式上存在着整体把握、直观领悟和模糊性的特点。此外，和西方的砖石结构建筑相比，中国古代建筑的木质框架结构易损易燃，需要周期性地修缮或更新一些局部构件以维持原有的建筑形态和使用功能。

　　1961年，我国公布了第一批重点文物建筑保护名单，较好地保护了一批重要的历史建筑遗产。1982年颁布的《中华人民共和国文物保护法》标志着建筑保护走上了法制化轨道。自1990年以来，我国加快了申报联合国世界文化遗产保护的步伐，一批重要建筑或城市文化遗迹被列入国际保护范围。1999年颁布的《北京宪章》强调了对建筑文化挖掘整理的重要意义，提出要以可持续发展、以人为本、整体思维等思想面向21世纪。然而长期以来，我国对旧建筑的保护存在着两种截然不同的状态：一方面，对于具有典型价值的建筑物，一般由政府有关部门出面，受到自上而下的保护和修复，被当作博物馆的展品一样周全地保护起来；另一方面，对于普通旧建筑的改造还没有相关的保护政策出台，只是近年来才得到相关领域专家的关注，在实践中也因为没有完整的理论体系和丰富的实践经验作为指导，多少带有盲目性和片面性。

　　目前我国有关旧建筑改造的理论文献主要来源于一些科研院校的研究和调查。建筑设计专家崔恺认为，相对于外立面的修缮与改造，旧工业建筑改造设计的难点在于发掘出旧工业建筑的环境优势和空间潜质，并赋予其新的功能活力。建筑师需将空间作为设计重点，着重对室内空间的环境优化进行深思。同济大学伍江教授赞同在对旧建筑改造时，设计师应将设计重点聚焦在如何使原有的空间与结构适用于新的使用功能。

1.3.2.2　国内旧建筑改造与再利用实践的发展现状

　　我国当前对旧建筑的保护重点主要聚焦在对传统民居及具有重要历史文化意义建筑的保护上，对于普通旧工业建筑进行更新再利用的实践大致始于20世纪80年代末。

　　20世纪80年代，原本是北京手表厂的多层厂房被改建为"双安商

图1.6　北京双安商场

场",如图 1.6 所示。改造后,不仅建筑的外立面得到重新修缮,其内部功能也得到了更新。设计者在建筑外观上增加了一些中国传统建筑元素符号,如外挂披檐、垂花门和屋顶小亭,强调和传承了原建筑的历史韵味。

在苏州河的沿岸伫立着一批承载了上海早期民族工业发展历史的旧工业建筑群,那 30 多幢旧厂房、旧仓库在结构形式和建筑风格的层面上真实地记录了上海开埠百年来城市发展历程的星星足迹。以台湾建筑师登琨艳为代表的一批艺术家和设计师通过创造性改造设计,实现了这些旧工业建筑在新时代下的重生。登琨艳的大样环境设计工作室是由民国时期的沪上大亨杜月笙的粮仓改建的,原建筑是上下三层的灰色砖混复式结构,空间高大且开阔,如图 1.7 所示。在改造过程中,艺术家不仅对原空间布局进行了适应性优化,而且通过对一些细节上的不同装饰处理手法——保留"旧的经典"(雕花的木窗、斑驳的旧奖状、红色标语口号等),增加"新的活力"(山石盆景、横梁布幔等),将原本空旷颓败的旧工业建筑变成了充满艺术生命力的现代工作室。

图 1.7　1998 年的杜月笙粮仓和 2003 年的登琨艳工作室

俞孔坚先生主持改建的广东中山市岐江公园,原为粤中造船厂旧址,是近代工业厂区遗址改造和再利用的典型案例,如图 1.8 所示。俞先生在公园设计中重点聚焦于旧工业建筑区域的生态环境恢复和留存设施的再利用,充分体现了工业化的简约。此外,上海江南造船厂旧厂房被改造成了世博会展馆,如图 1.9 所示;鲍家声等完成了原南京工艺铝制品厂多层厂房改造;成都工业文明博物馆亦是由闲置厂房改造而来,如图 1.10 所示。通过运用可持续发展的设计理念,这些旧建筑的改造体现了富有当地特色的"工业文化"等。

图 1.8 粤中造船厂旧貌和岐江公园全景

图 1.9 上海世博会中的中国"船舶馆"　　　图 1.10 成都工业文明博物馆

　　北京作为开展旧建筑改造再利用最早的代表性城市之一，自 20 世纪 90 年代中期以来也出现了许多经典的改造案例。但是，在旧建筑改造理论研究方面，我们与西方发达国家之间还存在较大差距。西方发达国家的建筑更新思路在关注"保存与维护"的同时更加强调绿色可持续发展。然而国内许多旧工业建筑虽然带有一定程度的文化价值和经济价值，但缺乏鲜明的建筑个性、历史意义和开发价值，所以被看作是城市发展的阻力，没有得到应有的重视及合理的对待。

　　总而言之，我国目前对旧建筑改造的相关研究无论是在理论体系方面还是在技术手法上都还很不成熟，尚处于摸索阶段。

1.3.3 旧建筑改造与再利用的发展趋势及问题

　　在旧建筑改造的理论和技术运用方面，世界各地区都存在着不同层面的问题。因为对旧建筑改造的方向选择，不仅取决于政府发展规划、建筑改造设计理论的创新、改造技术的先进性，还受到人们对于新理论、新技术认同程度的影响，而所有这些又受到不同国家经济能力、技术水平和历史文化等方面的制约。发达国家相对来说有比较充分的资金储备、较先进的理论体系和技术手段来保证其进行有利于城市可持续性发展的旧建筑改造项目，发展中国家则会由于资金不足、技术缺失和观念落后等因素的影响，无法投入充足的资源来开展在环境和资源上长期有益的旧建筑改造实践。

与欧美国家相比，我国关于旧建筑改造的研究工作起步较晚，研究范围较窄，已有的研究主要针对产业类旧建筑的再利用、文化特色建筑的保护、城市历史建筑环境风貌的保护和城市特色地段的开发 4 个方面。关于一般性旧建筑再利用的理论研究，我国尚处在破冰时期，还没有形成一套完整的、科学的理论系统，相关的改造实践项目也只是自发地循环再利用，带有盲目性、片面性和成效不定性。

在中国当前经济快速发展和城市化建设步伐加快的背景下，旧工业建筑改造再利用实践的取材范围是极为广泛的。作为传统的农业大国，我国尽管有一部分城市也曾经历过短暂的近代工业文明发展阶段，留下了一些产业兴衰的印记，但工业建筑在整个中国城市及建筑发展史中的地位，是无法与欧美一些真正经历过近代工业革命发展历程的国家同类而语的。从本质上讲，推动我国旧工业建筑改造和再利用设计实践活动的原动力并非我国本土建筑文化所固有，更多的是来源于对于外来建筑文化的认同，尚存在许多有待研究的问题。

（1）关于旧建筑再利用方面的研究工作虽然较多，但多数停留在对建筑更新改造具体实例的介绍与分析层面上，缺少对改造思路系统性和针对性的理论研究工作。

（2）从历史文化遗产保护角度研究的多，从生态环境保护和绿色可持续发展角度研究问题的较少，特别是针对有重要实用价值的大量普通旧工业建筑的改造与再利用的专门研究偏少。

（3）一般性理论研究较多，针对性的研究较少。中国地域广阔，各地区各城市的文化特色和底蕴各不相同，虽有共性，但差异性的研究对于具体城市和具体案例情境分析更有实用价值。

基于上述问题，现阶段迫切需要对我国旧建筑改造利用问题进行综合、系统、深入的调查和研究，需要切实结合国内现状展开探索性研究，通过不断地实践来总结经验，要考虑我国不同城市发展的不同历史文化背景，结合各个地区城市旧建筑的空间特性和结构特征，着力充分挖掘不同地区不同形式旧建筑的潜在价值和独有特色，为城市发展和文化共生这一深刻的城市规划问题的有效解决提供参考和理论支撑。

1.4 众创空间发展的背景及意义

近年来，在深入推动经济转型升级、创新驱动发展战略和适应"调结构、促发展"经济新常态的大背景下，我国经济新模式、新业态不断涌现，"大众创业、万众创新"的局面逐渐在全社会蔚然成风。众创空间作为一种新型创业服务平台，顺应了网络时代创新创业的特点和需求，对于支撑经济转型、壮大小微企业、挖掘经济新动力、优化创业环境、带动社会就业、促进"大众创业、万众创新"具有重大意义。

早在中央提出鼓励支持众创空间的政策之前，我国众创空间的发展格局已初具雏形，较早运营且颇具代表性的有上海的新车间、深圳的柴火创客空间、杭州的洋葱胶囊、北京创客空间、南京创客空间等。2014年9月，李克强总理在夏季达沃斯论坛致开幕词时，提出要掀起"大众创业""草根创业"的新浪潮，形成"人人创新""万众创新"的新局面。

2015年1月4日，李克强总理调研深圳柴火创客空间，称赞年轻创客们充分对接市场需求，创客创意无限。创客模式受到政府的支持和鼓励，让"创客"和"创客空间"们备受鼓舞。为实现"大众创业、万众创新"，创客被寄予厚望。2015年1月28日，李克强总理主持召开国务院常务会议，研究确定支持发展众创空间推进大众创新创业的政策措施，中央文件第一次提到"众创空间"。2015年2月，科技部发文，提出以构建"众创空间"为载体，有效整合资源，集成落实政策，打造新常态下经济发展新引擎。2015年3月5日，在政府工作报告中，李克强总理反复提到"大众创业、万众创新"，并且将其提升到中国经济转型和保增长的"双引擎"之一的高度，显示出政府对创业创新的重视，以及创业创新对中国经济的重要意义。2015年3月11日，国务院办公厅印发"众创空间"纲领性文件——《关于发展众创空间推进大众创新创业的指导意见》（下称《意见》）。此举为国家层面首次部署"众创空间"平台，支持大众创新创业。《意见》提出，到2020年，形成一批有效满足大众创新创业需求、具有较强专业化服务能力，同时又具备低成本、便利化、开放式等特点的众创空间等新型创业服务平台。

根据国务院《意见》中的定义，众创空间是顺应"创新2.0"时代用户创新、开放创新、协同创新、大众创新趋势，把握互联网应用深入发展、"创新2.0"环境下创新创业特点和需求，通过市场化机制、专业化服务和资本化途径构建的低成本、便利化、全要素、开放式的新型创业服务平台的统称。众创空间不但是创业者理想的工作空间、网络空间、社交空间和资源共享空间，还是一个能够为他们提供创业培训、投融资对接、商业模式构建、团队融合、政策申请、工商注册、法律财务、媒体资讯等全方位创业服务的生态体系。目前，我国众创空间的类型包括活动聚合型、培训辅导型、媒体驱动型、投资驱动型、地产思维型、产业链服务型、综合创业生态体系型等。

顺应"创新 2.0"和"工业 4.0"时代，推动"大众创业、万众创新"的形势，构建面向人人的"众创空间"等创业服务平台，对于激发亿万群众创新创造活力，孵化和壮大小微企业，培育包括大学生在内的各类青年创新人才和创新团队，创新经济发展模式，带动扩大就业，打造经济发展新的"发动机"，具有重大的社会、经济和生态意义。

1.5　众创空间发展的现状与趋势

10 多年前，国外 Hackspace、TechShop、FabLab、Makerspace 等各种类似形式的众创空间就已经逐步形成，经过多年发展，众创空间步入到一个比较成熟的历史阶段，对科技创新产生了深刻的影响。2010 年，Maker 的概念被引入中国，形成"创客"概念，国内也产生了类似空间，如北京创客空间、上海新车间、深圳柴火空间、杭州洋葱胶囊等，但中国创客还处于发育期，各地创客空间大小和背景各不相同，创客内容也各有侧重。据国家科技部公开数据显示，2014 年，全国科技企业孵化器数量超过 1600 家，在孵企业 8 万余家，就北京市而言，各类孵化机构超过 150 家，其中国家级孵化机构 50 家，入驻企业超过 9000 家。中关村创业大街目前共入孵了 400 多个孵创业团队，获得融资的团队超过 150 个。但是，这些创业孵化器仍多以零散的状态存在，聚集资源的能力并不强。而"众创空间"是科技部在调研北京、深圳等地的创客空间、孵化器基地等创业服务机构的基础上，总结各地为创业者服务的经验之后提炼出来的一个新词。"众创空间"概念的提出，从政府层面进一步推动了创业平台的资源优化整合和大众创新、万众创业的发展。

北京市依托国家自主创新示范区、国家高新区、科技企业孵化器、高校和科研院所等丰富的科技创新创业资源，成为我国众创空间发展最快的城市。2015 年 3 月 23 日，北京市科委对首批"北京市众创空间"中的 11 家（北京创客空间、创客总部、东方嘉诚、科技寺、融创空间、极地国际创新中心、京西创业公社、DRC 创亿梦工厂、北大创业孵化营、乐邦乐成、清华 x-lab）进行了授牌，同时授予中关村创业大街"北京市众创空间集聚区"的称号。

2015 年 5 月 4 日，北京市科委授予 36 氪、亚杰汇、Binggo 咖啡、3W 咖啡、北京大学创业训练营、IC 咖啡、创业家、车库咖啡、天使汇、飞马旅、联想之星、硬创邦、虫洞之家、因果树等 14 家创业服务机构"北京市众创空间"称号。2015 年 5 月 7 日，北京众创空间联盟成立，标志着在北京市科委的指导下，北京地区搭建起了众创空间资源共享平台和行业自律组织。除北京外，上海、成都、青岛、武汉、广东、江苏、天津、厦门等省市也纷纷结合当地资源与环境特色将众创空间的发展作为创业创新行动计划的重要组成部分。官方数据显示，2015 年，全国新登记市场主体 1479.8 万户，比 2014 年增长 14.5%；注册资本金 30.6 万亿元，增长 48.2%。截至 2015 年年底，全国实有各类市场主体 7746.9 万户。其中，2015 年全国新登记企业 443.9 万户，比 2014 年增长 21.6%，注册资本金 29 万亿元，增长 52.2%，均创历年新登记数量和注册资本金总额新高。此外，"双创"对带动就业增加成效显著，2015 年 5 月至 2016 年 5 月，全国 248 个城市初创企业累计招人数达到 234.78 万人，对增加就业的贡献达到 20% 左右。

2016 年 2 月 14 日，国务院办公厅颁布了《国务院办公厅关于加快众创空间发展服务实体经济转型升级的指导意见》（下称《指导意见》），提出为充分发挥各类创新主体的积极性和创造性，发挥科技创新的引领和驱动作用，紧密对接实体经济，有效支撑我国经济结构调整和产业转型升级，需要继续推动众创空间向纵深发展，在制造业、现代服务业等重点产业领域强化企业、科研机构和高校的协同创新，加快建设一批众创空间。《指导意见》鼓励将闲置厂房、仓库等改造为双创（创新创业）基地和众创空间，加大扶持力度，最大限度地盘活利用现有资源，为创业者提供低成本、便利化、全要素、开放式的创业服务空间。《指导意见》的颁布，是国家层面首次部署众创空间平台，支持大众创新创业。自此，各地顺应"互联网＋"和"工业 4.0"时代创新创业新趋势，迅速跟进发展众创空间，相继出台实施意见，众创空间纷纷挂牌，呈现出全国性大规模的"井喷式"发展。

根据《2016 中国创新创业报告》，我国目前已经形成五大创业中心，一是以北京、天津为核心的华北创业中心；二是以上海、杭州、苏州、南京为核心的华东创业中心；三是以深圳、广州为核心的华南创业中心；四是以武汉为核心的中部创业中心；五是以成都、西安为核心的西部创业中心。从创业热度、政策环境、智力支持三个维度衡量，北京、上海、深圳、杭州、广州、天津、武汉、苏州、南京和成都为 2016 年中国大陆最宜创业的十大城市。生活 O2O、工具软件、手机游戏、电子商务和教育培训是创新创业最为活跃的领域。爱屋吉屋、微店、微鲸科技、宝宝树、分期乐、房多多、瓜子二手车、秒拍 & 小咖秀、上药云健康、找钢网等新创企业都融资过亿元。截止 2015 年年底，中国已有科技企业孵化器和众创空间 4875 家，成为全球孵化器数量最多的国家。其中国家级"双创"平台 1258 家，包括 515 家国家级众创空间和 743 家企业孵化器、加速器以及产业园区，共同组成了持续有序的创业生态。

2017 年 3 月 5 日，李克强总理在政府工作报告中强调持续推进"大众创业、万众创新"。"双创"是以创业创新带动就业的有效方式，是推动新旧动能转换和经济结构升级的重要力量，是促进机会公平和社会纵向流动的现实渠道，要不断引向深入。新建一批"双创"示范基地，鼓励大企业和科研院所、高校设立专业化众创空间，加强对创新型中小微企业支持，打造面向大众的"双创"全程服务体系，使各类主体各展其长、线上线下良性互动，使小企业铺天盖地、大企业顶天立地，市场活力和社会创造力竞相迸发。

1.6　旧工业建筑供给侧改造为众创空间

2015 年 11 月 10 日，中共中央总书记、国家主席、中央军委主席、中央财经领导小组组长习近平在中央财经领导小组第十一次会议中提出，在适度扩大总需求的同时，着力加强供给侧结构性改革，着力提高供给体系质量和效率，增强经济持续增长动力，推动中国社会生产力水平实现整体跃升。2016 年 1 月 26 日，习近平在主持召开中央财经领导小组第十二次会议上强调，供给侧结构性改革的根本目的是提高社会生产力水平，落实好以人民为中心的发展思想。要在适度扩大总需求的同时，去产能、去库存、去杠杆、降成本、补短板，从生产领域加强全要素生产率，使供给体系更好地适应需求结构变化。2017 年 10 月 18 日，习近平总书记在十九大报告中提出，深化供给侧结构性改革，激发和保护企业家精神，鼓励更多社会主体投身创新创业。针对中国经济当下的形势，从供给侧与需求侧双侧入手改革，增加有效供给的中长期视野的宏观调控，才是结构性改革。

"供给侧改革"，就是从供给、生产端入手，通过解放生产力，提升竞争力促进经济发展。具体而言，就是要求清理僵尸企业，淘汰落后产能，将发展方向锁定在新兴领域、创新领域，创造新的经济增长点。供给侧改革是一种寻求经济新增长新动力的新思路，主要强调通过提高社会供给来促进经济增长。对于如何拉动经济增长，需求侧管理与供给侧改革有着截然不同的理念。需求侧管理认为需求不足导致产出下降，所以拉动经济增长需要"刺激政策"（货币和财政政策）来提高总需求，使实际产出达到潜在产出。供给侧改革认为市场可以自动调节，使实际产出回归潜在产出，拉动经济增长需要提高生产能力即提高潜在产出水平，其核心在于提高全要素生产率。政策手段上，包括简政放权、放松管制、金融改革、国企改革、土地改革、提高创新能力等，从供给侧改革角度看，本质上都属于提高全要素生产率的方式。

20世纪90年代以来，我国城市进入了一个急剧发展与扩张的阶段。随着城市人口的激增，住房、交通、环境等人居生态问题日益突出。在后城市热的建设规划中，为疏解城市压力和非核心功能，相当一部分工厂、企业需要转型升级改造或搬离主城区，由此而产生的大量旧工业建筑将被废弃、闲置或彻底拆除。对旧工业建筑进行合理的改造再利用不仅可以节约城市建设成本、保护人居生态环境，还可以延续工业建筑中凝聚的时代发展印记和历史人文情感，使得城市的发展承袭地域特色和文化内涵。旧工业建筑改造为众创空间不仅可以集约现有资源，释放生产要素，还可以通过改造实现更大的创新驱动价值，属于供给侧改革的一部分，有利于促进经济的绿色可持续发展。

建筑本身可以看作是一种生命体，有其自身生命周期。有的建筑从建成之日起到生命周期结束一直在完成同一种使用功能，而有的建筑在生命周期完结之前，由于各种原因功能需求发生改变，虽然这些建筑设施失去了原有功能而被闲置，但考虑到其经济价值和文化价值，通过改造再利用的方式实现其生命周期的价值最大化才是最好的选择，将旧建筑供给侧改造为众创空间是个互利双赢的解决方案。对于旧建筑本身，一方面空间的功能改造相比于推倒重建，速度更快，更节约成本与资源，实现可持续发展的原则；另一方面建筑的工业时代印记及文化得以留存。而对众创空间的使用者来说，以较小的成本便可以使用较开阔且多功能的空间作为办公、商贸、展览场地，无疑为创业者提供了更广阔的发展空间。

随着京津冀一体化战略的不断深入和首都核心功能调整的步伐加快，北京部分非核心企业、工厂需要迁离主城区，搬迁到北京郊区、天津、河北及其他承接产业转移地区。这意味着随着北京城市功能格局的历史改变，将留下一批厂房、仓库等工业建筑。众创空间是适应互联网时代创新创业特点的新型创业服务机构，是广大创业者成功之前集结、磨砺的平台。相比于其他类型的建筑，工业建筑空间开阔、层高较高、便于打造夹层、空间改造转化能力灵活。该类建筑粗糙的柱壁、灰暗的水泥地面、裸露的钢结构等装饰特点符合创业者群体对空间简单而个性的要求，适合改造为功能适应性众创空间。

此外，还有一部分非工业建筑的旧建筑也适合改造为众创空间。例如，随着电子商务、互联网经济和物流业的快速发展，商品流通和交易模式发生了根本变革，曾经作为中国电子卖场代表的中关村电子商城需要全面转型，进行二次改造升级。在"大众创业、万众创新"的时代背景下，中关村发挥在创业服务、创新服务、产业促进和国际合作等方面的优势资源，成功打造成创业示范区，而闲置、转型的商铺也相继被改造为办公空间。本书中研究的众创空间室内环境设计方法及其家具配置方案对这类需转型改造的旧建筑也是适用的。

1.7　本章小结

本章主要介绍了旧建筑改造与再利用的相关基本概念，通过举例的方式分别详细阐述了有关旧建筑改造、旧建筑改造与再利用及众创空间的背景及意义，分析了其发展现状、问题及趋势。阐述了旧工业建筑供给侧改造与众创空间之间的关系与契合点，提出了将旧工业建筑供给侧改造为众创空间的构想。

第 2 章　旧工业建筑室内环境改造的原则

　　旧工业建筑作为旧建筑的一类，所涉及的空间改造手法与旧建筑的改造手法具有互通性，为了更全面地阐述旧工业建筑空间适应性重构设计方案，本章将研究对象扩大到旧建筑的室内空间环境改造。本章所提及的旧建筑是指文化与历史价值相对于历史文物建筑较低的普通建筑，不包含历史文物建筑。旧建筑室内空间环境的改造方法主要是大空间划分、小空间重组和空间功能更新，而在实际改造中往往需要系统分析，综合运用多种设计理念和改造手法。

2.1　室内空间的组织原则

2.1.1　空间功能转型调整

　　对空间功能进行转型调整主要是因为原建筑的空间功能和布局不能满足现代生活的使用需求。由于室内装饰材料和设备陈旧、损坏等原因造成其无法继续使用而进行的空间重新规划——即保留原有空间的形态，不对原建筑进行整体结构方面的增减，只是另作他用，从而实现不同空间功能的转换。此类旧建筑改造的设计工作主要集中在开窗、交通组织、内外装修和设备更新等方面。这种处理方法一般用于需要严格保存原有空间风格或者原空间结构不允许其他构件元素介入的建筑改造项目中，包括将旧厂房、火车站、食堂或仓库等大空间工业建筑改做展览厅、商业营业厅或艺术文化等开敞空间。

　　圣路易斯联合车站（Saint - Louis Union Station）建于 1893 年，曾是美国最大、最繁忙的车站之一。但是，由于铁路和圣路易斯市的衰败，该车站于20 世纪 80 年代初被改建为商店和休闲购物中心，如图 2.1 所示。这座长达229m、有 5 层高的车站有着高大宏伟的塔楼和弧形天花的前厅，建筑原空间的风格特征十分明显，记载着城市曾经的鼎盛繁华，有着重要的时代纪念意义。因此，在改造设计中，尤其是将车站大厅改造为旅馆休息厅的设计中，设计师并没有使用过多复杂的空间重塑手法，而是尽量保持其原本的空间结构，只在局部通过材料的更替或者细部陈设的装饰来满足新旅馆空间的功能使用需求，如屋顶的结构材料由木材改为用木材与玻璃的组合，使设计风格趋于现代。此外，更换了家具和设施陈设品。

图 2.1　圣路易斯联合车站外景、车站入口及车站大厅

2.1.2　空间布局重新组合

如果旧建筑的空间构成无法满足新使用功能的要求，则需要对内部空间的关系进行重新组织，从而形成新的空间形态。旧建筑有着开敞的平面和高大的空间，在垂直方向和水平方向上没有过多结构和构件的制约，空间约束力较小。旧建筑空间的连贯性使得空间改造的手法更加灵活。

2.1.2.1　垂直重组

垂直方向上的改造设计方法适用于旧建筑内部高度在 6m 以上比较高敞的空间。原建筑结构坚固，支撑结构多为大型钢梁、拱、排架等，具有良好的空间分隔潜力。在满足新的使用功能要求的提前下，改造时需注意新增结构构件和原厂房结构之间的协调配合，保证结构安全和力学强度。同时，新增结构及载荷应在原旧建筑地下基础及地上受力构件的承载范围内。

（1）设置夹层。对于尺度高大的空间，可采用增加楼板进行垂直划分的手法，充分利用原建筑层高，通过增设夹层将原空间划分为合理高度的若干空间，从而提升建筑面积和空间的实际利用率，减少照明和空调等设施的运营费用。例如，位于上海建国中路 8 号院的旧厂房区，是 20 世纪 50、60 年代的上海汽车制动器厂，原厂房空间结构完整、宽敞高大，但是空间利用率较低。日本 HMA 建筑设计事务所将其改造为沪上有名的"产业创意园"，该创意园区的业主多为室内设计、雕塑等客户，需要提供充足的交流平台和丰富多样的公共空间。因此,设计师在保持原厂房整体样貌的基础上,在内部空间局部利用垂直分割的手法加入了一系列成伞状的两层高的圆形休憩洽商台,创造出了丰富的多层次空间,如图 2.2 所示。

图 2.2 上海 8 号桥改造项目

纽约沥青厂位于纽约市 91 街东河大道,是 20 世纪纽约工业建筑的地标之一,始建于 1944 年,1968 年停产,随后被改建为体育和艺术中心。原建筑为呈抛物线状的高达 27m 的单层建筑,由预制轻钢桁架搭接而成的混凝土楼板构成。在改造设计中,设计师根据新使用功能的需求,充分利用高大开阔的内部空间,将原本的单层空间垂直划分为四层,其中一至三层的层高相对较低,由大厅、办公区域、剧场、体育场、艺术设计工作室、暗室和教室等功能空间组成,最顶层占原建筑全高的一半之多,被设计为有室内高架跑道的大型体育场,如图 2.3 所示。

图 2.3 纽约沥青厂外立面和改造后的内部空间

（2）垂直合并。垂直合并是指在改造中保留梁和其他承重结构，拆除原建筑的内部楼板从而形成上下贯通的公共区域（中庭空间或门厅空间）。其中，中庭空间作为建筑设计中尤其在当今西方发达国家较为常用的一种空间形式，能有效地增加建筑内部公共空间，解决采光、通风、供暖等问题。将原先低矮的空间垂直合并为适合新功能需要的大空间，这种改造手法多见于框架承重结构的旧建筑。

伦敦码头区原是英国伦敦的第一个码头，位于伦敦东部道格斯岛，始建于1802 年。经过 120 年的建设，码头区发展成为整个伦敦的工业中心和就业中心。20 世纪 30 年代，码头区迎来发展的鼎盛时期，但随着 1961 年至 1971 年英国制造业和运输业的衰落，该区域经济渐趋萧条，严重影响了伦敦的国际化大都市形象和国际金融地位，并带来一些严峻的社会问题。1980 年，伦敦市政府制定了《地方政府规划与土地法》，为推动码头区的发展奠定了法律基础。伦敦是国际性大都市，在国际金融业具有巨大影响力，因此码头区再造项目定位为国际金融、商务商业区。在城市综合体整体定位规划确立的前提下，码头区开展了综合体项目内各类物业的分项定位。在此背景下，著名设计师法雷尔（Farell）将建于 1811—1814 年靠近伦敦大桥的烟草码头，改造成为伦敦最高端的集零售、餐饮和娱乐等功能于一体的综合性建筑。原建筑是复合式的"扁薄屋"，改造的难点是在不破坏原有特色的前提下，将一个大体量的仓库转换为精品店。设计师加入了一系列的十字形钢柱，同时拆除了地下室的部分屋顶，形成了若干上下贯通的中庭空间，如图 2.4 所示。大量的时尚店铺围绕着中庭而设，这使得原本潮湿、泥泞的地下室奇迹般地创造出视觉上的戏剧效果。

图 2.4　改造前的烟草码头和改造后的中庭空间

泰特现代美术馆（Tate Modern）改造实践项目是运用垂直重组手法的经典案例。泰特现代美术馆落在英国泰晤士河的南岸，其前身是英国建筑师贾莱斯·吉尔伯特·斯科特爵士（Sir Giles Gilbert Scott，1880—1960）于 1947 年设计的伦敦第一座大型火力发电厂，建筑由北侧的锅炉房、南侧的配电厂以及其间的涡轮机车间等三大平行空间组成。该火电站于 1981 年被关闭。在改造设计中，瑞士年轻的建筑家雅克·赫尔佐格（Jacqes Herzog）和皮埃尔·德·梅隆（Pierre de Meuron）考量到旧建筑原有空间布局比较开阔，设计时将展厅布置在已有数层分割的建筑北侧的锅炉间，而中部的涡轮间，作为具有典型工业建筑特征的大空间，则设计为大厅和入口这样的公共区域，成为整个改造项目的核心。为了更好地呈现涡轮机大厅的空旷感，在改造中拆除了绝大部分原本延伸的楼板，通过垂直合并的手法形成了五层通高的宏伟大厅，而余留的楼板形成了一个连接锅炉房和南面配电房的通道平台，站在通道上，参观者可以欣赏到涡轮机大厅整体超乎寻常的规模和容积，垂直合并设计丰富了视觉空间的层次效果，如图 2.5 所示。

图 2.5　泰特现代美术馆

2.1.2.2　水平重组

水平重组是指在充分保持原有建筑形态和体量的基础上，按照新的使用要求将原有工业建筑空间在水平方向上进行重组，改造为不同大小面积的适宜空间，以提高空间使用效率或满足新的使用功能。该种方法多用于将框架结构的厂房、仓库改造为办公空间或住宅。在对有关主体结构稍作改动后，可以通过利用人流动线设计、室内的家具布置、隔断及楼梯、坡道等交通设施的方式对原建筑的宽敞空间进行有机规划和划分。

（1）水平分割。当建筑内部空间的平面尺度过大，不能适应新的空间功能要求或不符合业务尺度时，可以采用水平分割的方法，将大空间在水平方向上划分为若干小空间以满足新的个性化使用需求。

意大利当代著名建筑师伦佐·皮亚诺（Renzo Piano）在对米兰的一个汽车展览馆进行改造设计时，将原建筑在水平方向上分割成三部分：左侧空间作为会议和模型制作室；中间的大厅设计为展览空间以及一些附属用房；右侧则转变为餐饮、休息和书吧等休闲空间。此外，在模型室处又进行竖向分割设计了一个悬挑的阁楼。阁楼的设置既可以满足多功能的空间需要，又可以丰富空间环境的层次感。

另外，由于生产需要，工业建筑往往具有较大的进深和跨度，然而，大尺度的平面和空间形态在一定程度上会影响建筑中心区的采光。因此，在改造过程中也可以通过切掉部分楼板结构，即加入中庭的方式来创造比较明亮灵活的使用空间，从而有效增加建筑内部公共空间，以弥补旧建筑中央部分采光不足的缺陷。

澳大利亚的伍兹·贝格（Woods Bagot）建筑设计事务所将布里斯班市的一座三层高的旧羊毛仓库改造成为供城市中低收入人群居住的廉租房。设计师保留了外立面形态，在旧仓库的内部增加了钢结构体系。通过水平划分空间的处理手法，使原仓库单一的大尺度空间形成了拥有 155 个居室的平面布局。而且，设计师在原建筑的一层设置了一处通高中庭，使住户们可以在此观赏街景和互相攀谈。人性化的设计模式使这座廉租住宅的改造设计得到了业主的广泛好评，获得了巨大成功。

北京嘉铭桐城会所建筑面积 2500m²，由原北京首钢冶金机械厂的旧厂房改造而成。该会所以一条绿荫如织的梧桐大道为主要依托，定位于文化传承的特色主题。设计师在改造过程中尽可能地保留了原厂房内部结构构件，诸如牛腿柱、屋顶桁架等，同时，将现代化的新材料、新技术大胆运用于建筑的外观。原有厂房为依靠侧窗和矩形天窗采光的单层大空间，由于在改造中新设置了夹层，需要通过其他途径满足采光需要。设计师在旧建筑内部建造设置了 4 个采光中庭，如图 2.6 所示。为了体现对原有建筑结构的尊重，同时减少改造工程的造价，设计师将其中两个中庭的位置与原有天窗的位置相互重合。4 个竖向的中庭不仅满足了功能的需要，同时打破了原有的空间结构，加强了室内与室外的联系和交融。

（2）水平合并。水平合并是相对于垂直合并而言的，是指通过拆除建筑内部空间原有隔断、隔墙等，将原有空间进行水平方向的重新划分组合，从而获得新的更宽大的建筑平面空间。该种方法多用于旧工业建筑中的非生产性空间或辅助空间改造。

德国卡尔斯鲁厄市的卡尔斯鲁厄艺术与媒体中心（Zentrum für Kunst und Medientechnologie，ZKM）是世界上第一个以"互动艺术"（Interactive Art）为主题的跨学科的艺术博物馆和新媒体研究机构，其主体建筑是由一处旧兵工厂改造而成，如图 2.7 所示。在改造设计中，设计师拆除了旧厂房和内院之间

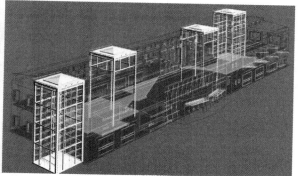
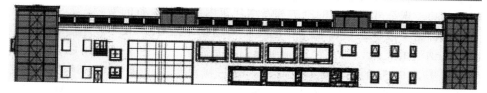

图 2.6 北京嘉铭桐城会所

的墙体，并在上方覆盖了整体天花，形成了一个连续的长达 312m 的开敞空间，容纳了包括当代艺术博物馆、图像媒体博物馆、音乐音响研究所、画廊、工作室、录音棚、图书馆等在内的多个文化艺术机构。

英国索夫克郡（Suffolk）斯内普麦芽厂的厂房建于 19 世纪中叶，在将其改建为艾丁伯格狂欢节音乐厅的项目中，为了形成可容纳百人以上的宽大空间，阿卢普事务所（Arup Associates）的设计师们拆除了厂房内部原有的隔墙，增加了新的木屋架和钢索并将其完全曝露，最终创造了一个长 135 英尺（1 英尺 = 0.3048 米），宽 80 英尺，可容纳 800 人的音乐演奏空间，如图 2.8 所示。

图 2.7 卡尔斯鲁厄艺术与媒体中心   图 2.8 斯内普麦芽改造而成的艾丁伯格
狂欢音乐厅

2.1.2.3　屋中屋

"屋中屋"是指在原建筑的内部空间里通过围合的方式新构筑起具有特定使用功能的空间。这种改造手法没有改变使用空间的大小，但形成了新旧空间界面的交织，创造出既是室内又是室外的独特的空间氛围和体验，因此常常用于营造富有感染力的戏剧化或主题化场景。通过在大尺度的工业建筑空间内部嵌套入一个全新的独立体系，内层系统脱离外层系统，形成双层表皮体统（Double Layers System），这种做法的前提是外层的工业建筑要有足够大的尺度。这种外旧内新的改造手法可以最大限度地保持工业建筑原有风貌，新增建筑与旧建筑是一种对话关系而非其附庸，从而可以取得最大限度的空间自由，同时有利于现有外层系统的维护和新增建筑内部机具设备的安装。

被誉为"欧洲最美博物馆"的奥赛博物馆（Musée d'Orsay）坐落于法国巴黎塞纳河的左岸，与卢浮宫隔河相望，是巴黎三大艺术博物馆之一，其前身是建于1898年的巴黎奥赛火车站，是一幢单跨拱顶建筑。1986年，在将其设计改造为博物馆时，面对旧建筑功能转化方面的巨大挑战，ACT建筑事务所女建筑师盖·奥伦蒂（Gae Aulenti，1927—2012）重新规划了出入口的动线，采用了街道庭院的构思，在原长138m、宽40m、高32m的空旷大厅内插入两层房间和陈列室，并将形成的具有丰富空间层次的"屋中屋"用来陈列雕塑和绘画作品，如图2.9所示。改建后的博物馆既保留了历史建筑的韵味，又充满了时代气息。设计师采用了在一个大空间中切分出不同小空间的手法完美解决了展览尺度问题。小规模的展厅可为展观者提供适宜的空间感官尺度，同时也满足了展品展示的功能需求，体现了旧建筑新的展示服务功能（郭红亮，2013）。此外，小体量的展厅分别排列在中央大厅的两侧，这种设计不但可以使火车站原有天顶的精美设计得到淋漓尽致的展现，同时还保留了原火车站设计的意蕴以及中央大厅原有空间的恢宏气势。此外，面积巨大的玻璃天窗和拱形玻璃墙面让整个大厅充满了温暖而柔和的自然光线。在新旧交融、光影变幻中，整个建筑华丽壮观，给人留下极为深刻的印象和遐想空间。

德国建筑博物馆（Deutsches Architekturmuseum）由一幢建于1912年的后哥特式风格的城市贵族宅邸改造而成，该博物馆是全欧洲研究建筑与建筑史的最好去处之一。博物馆内部空间以"从原始洞穴到摩天大楼"为主题长期展览，展出了24个从石器时代到现代的大型建筑模型，再现了人类建筑的历史以及各历史时期不同建筑风格的发展与进步。科隆建筑家奥斯瓦尔德·马赛厄斯·昂格尔（Oswald Mathias Ungers，1926—2007）在改建设计时将老房子内部原有结构尽数拆除，并在房子内部中央建起了一个简捷抽象、平整光洁且

图 2.9　改造中和改造后的奥赛博物馆

高达四层的"屋中屋"，其中一至三层为陈列空间，四层作为办公区域和图书馆。这个"楼中有楼、房内有房"的新构筑体和原建筑之间并没有丝毫违和感，而是作为诠释设计师对老空间的一种缅怀情感的媒介。大玻璃橱窗、洁白的外观组成了鲜明的建筑风格，设计师成功地将博物馆幻化为一件交织着欧洲传统风格和现代风格的具有鉴赏价值的建筑展品，如图 2.10 所示。

图 2.10　德国建筑博物馆的"屋中屋"

德国慕尼黑施温德基兴教堂（Pfarrei Schwindkirchen）社区中心建在一间废弃谷仓里，虽然该项目规模不大，但所使用的改造方法和形式却非常经典。为了更好地保持旧建筑的原有风貌，设计师在改造过程中保留了仓库外围结构和主体承重结构，只在其中插入了一个双层结构的箱体建筑，该箱体建筑主要由木材、混凝土等材料制作的预制墙体和楼板构件构筑而成，如图 2.11 所示。这种嵌套方式不仅创制了一种独具魅力的新旧空间之间的对话关系，而且使得建筑的改造施工变得相对简单。传统改造中需要的完善保温隔热系统、安装双层玻璃窗或对现有墙壁进行除湿等工程都可以省略。建筑师对建筑本身进行的改动主要是利用钢杆和钢板加固木桁架、沿屋脊拆除部分屋面形成一条采光天窗以及移除谷仓中间的老柱子等。

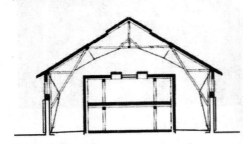

图 2.11　德国慕尼黑施温德基兴教堂（Pfarrei Schwindkirchen）社区中心

新加建筑占据了旧谷仓的中心主体位置，阳光透过屋脊天窗照射到新构筑的箱体上，形成光彩变幻的魅影。红棕色的社区中心和旧谷仓的白墙形成强烈的对比。当谷仓大门和社区大厅的推拉门敞开时，内外两层空间交相辉映的迷人景象完全呈现出来。夹层空间成为整个外围区域的一部分，同时又将门外的空间引入到整个建筑中。夹层空间不仅能够起到缓冲作用，还是个半开敞的可以用来举办各种社区活动的绝佳场所。

荷兰现代建筑之父、表现主义大师亨德里克·佩特吕斯·贝拉赫（Hendrik Petrus Berlage，1856—1934）在将阿姆斯特丹证券交易所改造为音乐厅时，将一个透明的玻璃盒子插入到原空间中，从而使得这个用来作为荷兰爱乐乐团专用音乐厅的"屋中屋"形态在原空间环境设计中独树一帜，如图 2.12 所示。

2.1.3　空间结构元素变动

空间元素的变化包括新元素的加入、旧元素的拆除和新旧元素的融合等。空间元素包括建筑结构部件，也包括设备部件。通常，元素在空间中的变化有两种处理原则，一种是较保守的做法，即打破新元素与旧元素之间的界限，将

图 2.12 "屋中屋"玻璃音乐厅及其内景

其融合；另一种做法则是强调新旧元素的差异性，突出新的风格或新旧连接部位的特征，从而形成不同风格的对比。

2.1.3.1 墙体的变动

墙体的变动形式一般有增加隔墙、墙体开洞和墙体拆除与重建等。在大空间内增加内部隔墙，从而形成不同空间形态中的局部空间，可以同时满足私密空间和公共交流空间的使用功能；在墙体元素上开洞，可以满足一些较大进深空间对采光和通风的需求；拆除内部墙体则能够通过小空间的贯通进而形成更大的使用空间；墙体重建除了对空间进行再分割还能营造新的设计环境氛围。

设计师乔纳森·麦克道尔（Jonathan Mcdowell）将坐落在奥利弗码头上的一幢旧茶叶仓库改造为河景公寓。原仓库阁楼始建于 19 世纪 70 年代，位于英国伦敦泰晤士河畔，为单层结构，铸铁圆柱支撑着巨大的橡木屋架和一个复杂的坡屋顶，空间开阔而单一。改造过程中，设计师在利用原有结构体系的同时，对建筑进行了有效加固和修补，在阁楼中心贯穿了一面全新的三层高白色墙体，水平分割了原本的高大空间。原有的屋架和新插入的白墙作为结构支撑体在阁楼一半高的地方构造出了两个相互独立的开敞式夹层，如图 2.13 所示。此外，设计师保留了老仓库原有立面，从而使得奥利弗码头沿河风光的城市文脉意象得以延续，同时通过改造再利用赋予了旧工业建筑新的生机。

在对瑞士卢则思某马厩进行改造过程中，设计师丹尼尔·马克（Daniel Mark）在原建筑的砖石结构框架内镶嵌入了一个新的木质结构构造体，新插入的几何形状实体造型简约实用。设计师没有在内部设置楼梯，使用者可以通过室外楼梯上二层。然而，新插入的木质实体和原结构的木屋顶形成呼应，围合成了一个很独特的观景平台，如图 2.14 所示。

图 2.13 伦敦奥利弗码头的屋顶阁楼及其内部空间

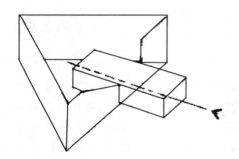

图 2.14 瑞士卢则思某马厩

2.1.3.2 顶棚的变动

顶棚的变动是指对旧建筑各楼层的吊顶结构进行的设计改造处理。在改造设计时，旧建筑中室内空间的吊顶会随着各自空间使用功能的变化而有所改变。通过合理科学的顶棚差别化设计，建筑空间可以在高度方向上实现更大的利用率，同时还可以营造出不同的环境氛围。

德国通用电气公司（AEG）位于德国柏林上牧场工业区，由于产业调整，公司将 19 世纪后期兴建的发电厂等旧厂房改造成为小型技术研发企业和教育机构的办公用房。在改造设计中，原有屋架因毁损严重而被全部拆除，设计师大胆赋予了屋顶新的造型和结构，并使用新材料进行翻新，从而增加了顶棚使用面积和自然采光，使得屋顶的改造成为整个项目的亮点。此外，设计师将生态节能理念与屋顶形式结合起来考虑，在不高于原屋顶高度的条件下，用钢结构体系打造全新的筒形屋盖，圆拱屋顶分成两部分：上半部至屋脊通风气口装设定制的弧形太阳能电池板，下半部为弧形玻璃窗配装电动外遮阳百叶。$556m^2$ 的超大规模太阳能发电装置使得该大楼成为利用可再生能源建筑的典范，如图 2.15 所示。

图 2.15　德国柏林上牧场旧工业改造区改造

2.1.4　空间建筑的加建和扩建

　　旧建筑的加建、扩建是指在原建筑结构基础上或在与原建筑关系密切的空间范围内，对原建筑功能进行补充或扩展而进行的建设，具体包括地下增建、侧面扩建、顶部加建等方式和手段。在对旧建筑进行加扩建时，一方面应考虑加建部分的使用功能需求，另一方面还应平衡好加建部分和原建筑内外空间环境的融合。从建筑风格、空间布局、环境处理、材料选用等方面着手考虑，既要尊重原有建筑结构和时代传承，又要体现新增建筑的特色和现代感。

2.1.4.1　垂直加建

　　垂直加建是指通过在原建筑顶部垂直加层扩建或进行地下增建等形式，在建筑占地面积不变的情况下，有效增加建筑面积，提高容积率，从而适应新的更大的功能需求。加层最普遍的应用是在改建中，在原建筑上新建"屋顶屋"。

　　泰特现代美术馆（Tate Modern）位于泰晤士河南岸，与圣保罗大教堂隔岸相望。美术馆由气势宏大的岸边发电厂（Bandside Power Station）改建而成，其外表由褐色砖墙覆盖，内部是钢筋结构，高耸的大烟囱是其标志。瑞士赫佐格和德梅隆（Herzog & De Meuron）事务所的年轻建筑师雅克·赫佐格（Jacques Herzog）和皮埃尔·德·梅隆（Pierre de Meuron）在改造设计中，在原发电厂主楼的屋顶上垂直加盖了一条光梁，如图 2.16 所示。这是一个由半透明的薄板构成的两层高的大玻璃盒子。盒子底层作为原建筑顶层展厅的采光之用，二层用于餐厅和观景。玻璃盒子的设计不仅为美术馆提供了充足的自然光线，还为游客提供了浪漫的咖啡座，人们可以在这里边喝咖啡边俯瞰伦敦城，欣赏泰晤士河美景。这个由瑞士政府出资，被命名为"瑞士之光"的半透明"屋顶屋"与原建筑的厚重砖石结构形成鲜明的对比，带有极简主义的建筑色彩，丰富了原建筑的整体形态和层次。

图 2.16　泰特现代艺术馆屋顶的"光梁"

德国柏林奥博鲍姆城（Oberbaum City）由庞大的奥斯莱姆灯泡厂改造而成，该灯泡厂建于 1906—1914 年，建筑面积 46000m²。灯泡厂的改造工程分为多期进行，其中建于 1907 年的 5 号建筑因风格优美被改建为办公空间、商场和饭店，部分建筑作为科技中心使用；4 号楼位于工业建筑群的中央位置，改建成为写字楼和饭店；3 号楼是该改造项目的核心，主要改扩建为办公楼和其他用途。在改造过程中，设计师使用了垂直加建的处理手法。设计师保留了工业时代原有的红砖外立面，同时在原有建筑顶层上增建了一个玻璃幕墙围合的办公楼，从而增加了原建筑的使用空间，并和充满工业气息的厂房本身风格形成强烈的时代对比感，如图 2.17 所示。夜晚，玻璃塔楼灯火通明，使得该建筑成为当地建筑群的"地理坐标"。

图 2.17　由奥斯莱姆灯泡厂改造而成的奥博鲍姆城

奥地利维也纳老鹰大街 6 号楼 Schuppich Sporn & Winischhofer 律师事务

所的改造是一个著名的"屋顶屋"改建项目，库柏·西梅布芬设计事务所[Coop Himmelb（l）au]的设计师拆除了老建筑的部分坡顶和屋顶，在不改变屋顶材料和斜坡的前提下，架构了向屋顶延伸的"大翅膀"，创造性地扩展了 90m² 的会议和接待空间，构建了一个全新的有建筑设计特色的律师事务所。新建成的极其复杂的几何不规则玻璃屋顶似乎在宣告新生命的诞生，如图 2.18 所示。老鹰大街屋顶改造项目于 1983 开始，1988 年年底竣工，虽然项目工程并不大，但却被看作是解构主义建筑的里程碑。

图 2.18 维也纳老鹰大街 6 号楼的"屋顶屋"

此外，旧工业建筑由于过去生产性质的原因往往具有较大的跨度和进深，原有平面和空间形态会对建筑中心部分的采光造成很大的影响，因此在改造过程中也可以通过开放顶界面弥补旧建筑中央部分采光不足的缺陷，同时创造出比较灵活的使用空间。

美国底特律的霍普高级技术中心（Detroit Hope Technology Center）改造自 20 世纪 30 年代的工业建筑。原建筑生产车间的连续屋顶采用的是较为常见的锯齿形天窗。改造设计之前，在办公楼和生产车间之间有一道生硬的分界线。在改造过程中，设计师抹去了这道分界线，加高了与办公侧楼相连的生产间的屋顶，创造出一个带有看台的阳光充足的 3 层高中庭，站在中庭上可以俯瞰到工作间的全貌，如图 2.19 所示。

由于城市中土地紧缺，建筑密集，当地上空间无法满足使用需求时，在环境条件和建筑规范允许的前提下，可以考虑适当发展和利用地下空间。由于开发地下空间对旧建筑原有布局、风貌和城市肌理影响较小，因此该改造手法适合于旧工业建筑的内部空间再利用，尤其在那些体量大的空间构筑物中更为适用。

林格托工厂位于意大利都灵，曾经是菲亚特汽车的主要生产基地，目前仍

图 2.19　霍普高级技术中心改建

然是现代建筑最具代表性的工业建筑之一。林格托工厂于 1916 年开建，1923 年完工，由工程师马特·特鲁科（Matté Trucco）设计。大楼高 5 层，东西跨度 500m，体量达 100 万 m³，是最先采用重复柱、梁、楼板等三种元素构成的模数化钢筋混凝土建筑之一。菲亚特汽车生产线贯穿整栋建筑，从一层的原料起绵延上升，到顶楼完成汽车的最后组装，并驶上位于楼顶的巨大环形测试跑道。这是当时世界上最大的汽车制造厂，法国著名建筑师勒·柯布西耶（Le Corbusier，1887—1965）曾称赞它是"工业史上最令人印象深刻之地"。林格托工厂在 1982 年关闭。1985 年，菲亚特公司委托伦佐·皮亚诺（Renzo Piano）建筑工作室将这座工厂改造为集商业空间、住宅、酒店、音乐厅、剧场、会议中心等多种功能的综合性城市公共中心。为了保持旧工厂的建筑个性，建筑师保留了外部混凝土框架结构，替换掉了严重破损的窗户，并对内部空间结构进行了重大改造，以满足新的功能需求。其中，为了满足举行大型集会的空间需求，同时避免使整个改建规模变得过于庞大和复杂，同时保证良好的隔声效果，设计师伦佐·皮亚诺采取了向地下拓展空间的方法，将拥有 2000 座的乔瓦尼·阿涅利（Gianni Agnelli）礼堂建在了地下，同时采用了大量木质材料和橡胶垫来调控礼堂中的声学效果，如图 2.20 所示。

2.1.4.2　水平扩建

当旧建筑层数较少，建筑面积无法满足新功能的需要，原有的建筑结构和地基无法承受更大规模的载荷，且旧建筑周边存有发展用地的时候，可以采用

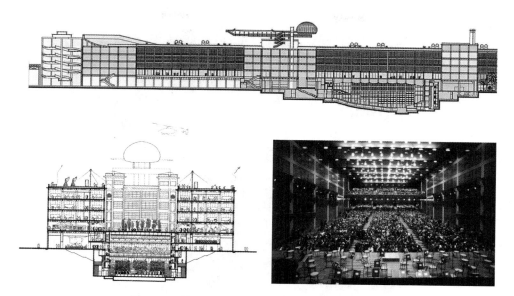

图 2.20　林格托工厂乔瓦尼·阿涅利礼堂增建图

水平扩建的改造方法。

　　美国国际市场广场原是一家废弃的服装加工厂，设计师将服装厂的四栋砖结构建筑厂房改造成了拥有 200 多个展示空间的艺术中心。该改造项目中最精彩之处就是对原有院落的扩建，如图 2.21 所示。四栋砖结构建筑围合而成的中间场地原本用于停放加工机车，在改造过程中，设计师以原建筑山墙作为结构支点，在原有院落的上空构筑了一个巨大的钢结构坡形屋顶。屋顶中间开设了用于引进自然光的天窗，两端封以玻璃幕墙，使得原本处于室外的整个场地被水平扩建为新的室内空间。

　　以共用的垂直交通作为媒介，可以将不同或相同机能的建筑紧密地结合在一起。楼梯、电梯及前厅具有相对灵活的表现方式和较弱的使用限制，适合作为公共连接体。东南大学四牌楼校区的中大院始建于 1929 年，原为两层加半地下室结构，正中为入口门厅，后加建为三层结构，并将大门外移，立面采用了爱奥尼克柱廊、山花、檐部等西方古典元素。1957 年改扩建过程中，设计师在建筑两翼增建了 1728m² 的教室，檐部、开窗比例基本与原建筑取齐。在新旧建筑之间增加了楼梯间，平面上后退一段，从而使得新旧建筑之间产生了一个新的层次，如图 2.22 所示。新增楼梯的设计不仅起到了新旧建筑之间的连接作用，同时提升了建筑的设计美感。

图 2.21　美国国际市场广场原状、改造前、改造中和改造后

图 2.22　东南大学中大院

2.2　室内材料的选用原则

2.2.1　室内环境改造中的材料选择原则

建筑的发展史伴随着新材料、新技术的不断涌现而前进，材料是人们用来

构建世界的物质基础。在设计过程中，认识每种材料的质地、质感、纹理和色彩，以及它们带给人们不同的视觉和心理感受，可以使我们更完美地找到材料和设计理念的契合点，以完成更和谐的建筑改造。在对旧建筑的室内环境重构中，要积极引入和选用新材料。选择新材料的基本思路包括传承协调和对比突出两种，或者修旧如旧，或者推陈出新。

2.2.1.1 传承协调

旧建筑凝聚着时代发展印记和历史人文情感，具有鲜明的地域特色和文化内涵，承袭保留原有风格和材料，或者将原有材料变换为其他用途，这种选择材料的思路即为传承协调。该种思路的处理方法包括使用质感相似的材料，如不同布艺、不同金属的搭配；使用不同性能的材料但组合模式趋同，如马赛克拼花和拼花玻璃的色彩比例一致。也可以通过其他处理方法，来复制原有的特征符号，以和原空间之间形成微妙但强烈的呼应。然而，这些为了保持整体协调统一的相似手法运用的前提是不打破建筑原有的空间意象。

德国库珀斯穆里当代艺术博物馆（Cooper Muller Contemporary Art Museum）改造前是由建筑师基弗（Kiefer Brothers）和约瑟夫·韦斯（Joseph Weiss）于1908—1916年间设计建造的一座砖货仓建筑，原建筑最大的特色是其纪念碑样式的立面外墙，如图2.23所示。赫尔佐格和德梅隆（Herzog & De Meuron）建筑设计事务所的设计师为了满足博物馆的功能需求，拆除了部分楼板形成高大的展示空间，并在立面上开凿了巨大的采光窗，为了和原建筑形成统一的建筑风格，设计师巧妙地将部分老墙上的砖挪移来填补开凿的新窗洞，这些砖和经典的外立面毫无痕迹地重新融合，在传承古老意境的同时散发出新生的气息。

图2.23　德国库珀斯穆里当代艺术博物馆

在旧建筑的改造过程中，对比和协调不是无法融合的。首先，应该在对原空间的现状和风格进行全局整体分析后确定材料应用的大体原则。其次，在确定大体原则下，可以在不同局部的细节处理上将对比和协调这两种思路融合和转化。通常，对比在统一中才更易彰显。同时，协调并不单纯只是一味地模仿或复制再生，差异的存在伴随着对比，即便是浓缩意象后的抽象化演变也会呈现出一定程度上的对比性差异。此外，旧建筑改造中还应考虑到加建或修建的可逆性，避免造成今后无法对建筑进行其他的维护修复措施。水泥、混凝土等强粘接性材料，具有不可逆性和自身的物理缺陷，而且容易形成封闭的建筑形象。这类材料与许多砖石结构建筑本身呈现出的厚重感，形成重复和叠加，不适宜通过对比体现旧肌体独特的时代美学特征。因此在对旧建筑进行改造修复的过程中，水泥和混凝土不是大量使用的理想建材。而金属、玻璃等现代感较强，且容易拆卸修整的材料则可以较为广泛地运用。

2.2.1.2　对比突出

对比突出的思路体现在旧建筑固有材料与新建部分所用材料之间具有强烈的差异性。对比是为了将对比双方中的某一独特之处分离，使之得以突出、加强或纯化。材料的对比包括不同物理性能材料的搭配使用、材质色彩的反差以及由材料构成界面和空间的区别。

法国巴黎—贝勒维尔国立高等建筑学院（École Nationale Supérieure d'Architecture de Paris – Belleville）新校区改造项目中，原建筑是一栋 20 世纪 20 年代留存下来的工厂，建筑师菲利普的设计核心是运用现代技术，使材料与旧建筑形成强烈的对比与反差，从而产生历史与现代的对话。在内院东侧，设计师在原有建筑的基础上，运用镀锌铝板将新加建部分进行"包裹"；在内院北侧，加建部分完全采用一种全新的现代建筑设计手法，以大面积的玻璃幕墙与原建筑墙面产生强烈的虚实对比；在内院南侧，采用钢结构悬挑技术设置了一个宽 3m 的长廊，通过裸露的钢结构与原有砖石结构的反差展示出建造技术的发展，如图 2.24 所示。

图 2.24　法国巴黎—贝勒维尔国立高等建筑学院新校区改造

2.2.2　木材在室内环境改造中的运用

2.2.2.1　木材的工程性质

建筑工程上使用的木材通常取自于天然树木，木材是天然生长的多孔有机高分子材料。与石材、砖、玻璃、金属不同，木材质量轻而强度高，是强重比大的材料；同时，木材的导热系数小，保温隔热性能良好，导热和导电性低，隔音效果好；有优良的弹性和韧性，能够承受一定的冲击和震动荷载；触觉肤感柔和，具有天然的花纹和纹理，容易进行锯、刨、钉、剪和贴、粘、涂、画、雕刻等各种机械加工，具有很高的建筑结构构建和装饰价值。但是，木材也有其自身的物理缺陷。作为一种天然可再生生态环保型建材，木材容易发生收缩、变形和开裂现象，而且易腐朽、易虫蛀、易燃烧等。

在建筑结构构筑中使用的木材是运用现代处理方法克服了木材天然缺陷的工程木材，主要包括防腐木、胶合木、结构复合木材、木基结构板和组合木构件。这些构筑用建材是通过胶黏剂把木纤维、木单板或木刨花等经高温高压黏合后形成的高强度的结构组合。木质建材目前已广泛地应用于建筑中的梁、柱、过梁、楼面板、层面板、墙面板以及其他木质构件中。

在建筑室内环境装饰中应用的木质装饰材料，包括竹木地板、装饰薄木、木制人造板和装饰型材等。随着塑型技术的不断更新，木材整体加工技术使得木材从过去单一的直线型形态逐步可以表现出各种曲线形态，这使得木材在旧建筑改造中的应用可以更加"随心所欲"。

2.2.2.2　木材的文脉特征

木架构建筑体系是人类主要的建筑体系之一，木结构曾经是牵引建筑不断发展的主要脉络，木材总是可以引起人们对原始朴素和真实温暖的联想。在旧建筑改造中，通过对不同地区特有种类木材的运用，可以极大地丰富建筑风格的地域差异多样性，以唤起对传统文明的追忆或者对当地文化的呼应。

2.2.2.3　木材在室内改造中的应用案例

例 1：英国诺里奇大教堂（Norwich Cathedral）餐厅改造。

原建筑的旧有外墙是已残破不堪的干垒石墙，在改造设计时，设计师在对建筑内部结构的装饰中采用了大量橡木，包括地板、梁柱、屋顶以及家具等，木材独有的温暖质感成功地营造了餐厅希冀的温馨气氛。选用木材来改变原空间的严肃冷峻，一方面是因为当地生产橡木节约了运输成本，而更重要的是通过本地化材质的运用和现代设计手法的处理，使得改造后的室内环境鲜活地反映出当地的文脉和历史传承线索。

例 2：苏州河沿岸接待厅改造。

台湾建筑师登琨艳在将苏州河沿岸一处旧工业建筑改造为接待厅的设计中，保留了原有的木结构梁架，增加了采光天窗，使原木结构建筑的色彩和质感在阳光下得到完美呈现，如图 2.25 所示。

例 3：老船木在室内界面装饰中的应用。

图 2.25　登珉艳工作室中的木材运用

老船木并不是某一种木材的特称，而是对从废旧船只上拆解下来的可利用的所有木材的统称，主要树种包括铁力木、石头椎、楸木、金柚檀、坤甸铁樟木、泰柚等，这些木材密度高、大径级、材质优良。在经过数十年乃至上百年的海上航行和日晒雨淋之后，老船木的材性发生了显著的变化，材质相较普通原木更加坚硬，表面肌理更加多样，形成了独具特色的新型木质装饰材料。老船木在从报废海船上拆解下来后，还需进行烘烤、去盐、打磨等加工工序，之后才能作为室内装饰材料进行应用。

老船木同传统木质材料相比，有着自身的特点。老船木经过长期的海水浸泡、自然风化作用，形成了石化的木质效果，质地异常结实、致密，并具有防水、防虫、防腐等性质，且打磨之后手感温和细腻。老船木来源于拆解的古船构件，体积较大、形态各异，船木表面还具有自然排布的船体结构孔槽、虫洞痕迹、腐蚀扩散黑斑、腐朽等丰富而特殊的肌理效果，每一块船木都有着不可复制的纹理质感，使其成为独一无二的艺术孤品。老船木颜色多样，从土黄、棕色、赭石到黑色，或渐变或突变，组合在一起使人感到古趣盎然。老船木更有其他材料所不具备的文化内涵，寒暑易节，历经沧桑，船木的背后承载了太多的感情与故事。对于老船木的利用，是对历史的保留与传承，同时也是绿色环保、资源再利用思想的体现。

现代室内装饰在不断探索着多元化、个性化的风格，新型室内装饰材料层出不穷，老船木在这种背景下出现，因其优良的性质、与众不同的装饰效果吸引了越来越多人的关注。

界面是室内环境设计中的重要因素，室内界面装饰是指通过对室内空间的各个围合面——地面、墙面、隔断、天花板等的使用功能和特点进行分析，从而对界面的形状、材质、肌理构成等方面进行的设计。其中材料的选用是室内界面装饰风格和功能实现的基础，界面装饰材料的选用需充分考虑材料自身的性质。老船木耐久、防水、防虫、防火、环保，满足一定条件下室内装饰材料的性能特点，并且具有沉稳质朴、自然粗犷的气质，可以形成独特的室内装饰界面风格。

老船木通常体型较大，外形多样而不规则，并且表面肌理显著。老船木用于室内装饰大体可以分为两种情况：一种是将外形各异、表面肌理明显的大块船木直接作为室内装饰材料或家具生产用材，另一种是把船木加工成较为规则的板材或不同形状和规格的木块马赛克从而对室内空间进行装饰。因船木拥有丰富的颜色变换，故老船木马赛克在保有古朴风格的同时也有着典雅、华丽的视觉装饰特点。老船木主要应用于顶面、地面、墙面、柱面、台面等室内界面的装饰。老船木在室内界面装饰中的应用效果，如图 2.26 所示。

图 2.26　老船木在室内界面装饰中的应用效果

（1）顶面。室内的顶面装饰不应采用体量过大的材料，因此，老船木应用于顶面界面装饰只能采用船木板材或木质马赛克的形式。船木板材通过不同方向的拼接可形成不同的装饰效果；船木马赛克可以不同颜色混拼，也可把相近颜色组成色块拼接图案和纹理，形成整体风格统一、表现形式灵活的装饰效果。老船木色调较深，不适宜在简洁、明快的公共空间大量使用，而较为适合营造具有古朴、温馨、华丽气氛的空间，如会所、酒吧、茶室等。顶面装饰中，与玻璃、金属、布艺等其他材料的搭配可以使船木更好地突出自身特点。

（2）地面。老船木应用于地面界面装饰的主要方式是制作船木地板，可以采用条状板材或马赛克的形式，以不同的方式铺装于地面。历经了无数次惊涛骇浪的老船木，由内而外传递着古朴与宁静的气息。大小不一、色系变化的船木马赛克又与现代主义风格不谋而合，使得老船木在呈现怀旧、沧桑的同时又可以一种现代的方式得以呈现。船木地板可应用于小型空间或少量用于大型空间，为消除行走障碍，应对地板表面进行刨光，对较大的表面孔洞与凹槽进行处理。

（3）墙面。墙体界面的装饰在现代室内装饰中的作用日益重要，背景墙、电视墙等往往可以体现出室内装饰的整体风格，成为室内装饰的亮点。较之其他室内界面，墙面的装饰形式束缚较小，形式较为丰富，可以采用多种不同类型的船木马赛克，以不同的组合形式进行装饰。色彩丰富的船木马赛克搭配给人以华丽之感，色差较小的搭配则产生质朴、稳重的氛围，不同的色调搭配也会产生不同的装饰效果。墙体界面的装饰也可通过大体积船木进行装饰，但此时需加强船木的悬挂稳固性，确保安全。此外，除特殊室内装饰环境需要外，应合理安排老船木应用于室内装饰界面的比例。

（4）柱面。柱面是室内界面中较为独立的单元，既能起到结构支撑的作用，同时又具有重要的界面装饰效果。与墙面相同，老船木在墙柱界面装饰应用中主要可采用船木板材、船木马赛克和大体积粗糙肌理的船木，所形成的风格或简约、典雅，或粗犷、厚重。由整块船木所装饰的柱面表面千疮百孔，无声地向人们展现着岁月的沧桑，较适合运用于古朴、自然风格的餐厅、郊游休闲、会所等特色的空间环境。

（5）台面。酒吧的吧台、窗子的窗台也属于室内界面的一部分，称为台面，它是室内诸多界面中与人接触最为紧密的界面。船木材质应用于这些台面可以达到与其他材质完全不同的装饰效果。船木在台面上的应用方式主要为大体积的船木板材或是船木板材的拼接。板材经过表面刨光、打磨后，颜色柔和，富于变化，加之船木表面自然而然形成、透露着浪漫主义气息的肌理，使台面显得格外自然、亲切。人们在老船木台面上工作、餐饮的同时，还能感受老船木细腻的手感，追忆时光积淀背后的故事，放松身心，亲近自然。

（6）家具。古船木家具是原材料取自报废旧船的一类新兴家具。退役下来的古船，其木材上满是斑驳的锈迹，需要经过去铁钉、截除、刨层、烘烤，做成半成品后，再经过打磨、油漆、选色、拼装等一系列特殊工艺处理、打磨修饰，之后才能作为家具原材料使用。自然、和谐、简约，是古船木家具的突出特点。古船木家具一般有三种加工方式：第一种只是简单清洗和拼装，第二种是在表面涂饰清漆，第三种是先将木材炭化再涂刷油漆。通常船木家具制造商会采用第一种方式，整个生产过程完全采用民间手工工艺制作，融入传统榫卯技术，饰面也不用油漆涂饰，让船木的自然纹路显现，装饰效果明显，红、黑、黄相间的木纹清晰可辨。这样既发挥和彰显了原素材的自然纹理和质感，又提升了产品的绿色环保性及人木沟通的亲和力。古船木家具在设计风格上也往往另辟蹊径，一般线条比较粗犷，尺寸相对比较大，且大都保留了船木原貌中的伤痕、孔洞、沟壑，以及斑驳、具有历史沧桑感的颜色。这种设计表现手法展现了旧船木的残缺美以及木质的润滑感，在天然的粗犷与艺术的精巧之间，将旧船木的自然与人文魅力最大限度地表现出来，呈现出一种返朴、厚重、不对称的原生态风格。

老船木用于室内界面装饰具有以下特点：

（1）风格的独特性。老船木是一种新型的室内装饰材料，虽然同为实木质地，但装饰效果却与实木有很大区别。一方面，老船木源于旧船上的各个部件，每块老船木都有着与众不同的外形与肌理；另一方面，即使把老船木表面剖光加工成规则的板材，船木因内部腐蚀、颜色扩散、孔槽、虫蛀等原因，其视觉效果仍丰富多样，无重复，更有颜色、形状、肌理、不同拼接方式的船木马赛克等丰富的装饰形式。由老船木装饰的室内沉稳而不压抑，典雅中带有活泼，让人倍感亲切、自然。

（2）形式的多样性。老船木因其差异性和视觉效果的多样性，对其采取不同的加工和利用方式，便会形成不同的装饰效果。从古船上拆解下来的船木，对其进行简单清理、烘烤、去盐、涂饰之后便可应用于室内装饰，进一步对船木进行不同程度的切割、打磨，直至加工成表面光泽、尺寸规整的船木马赛克，各种材料形式都可以呈现出独特的装饰效果。老船木应用于室内界面装饰上的丰富形式，使得船木材质可以灵活应用于室内装饰的多个方面。

（3）广泛的适应性。由于老船木自身的优良材性、装饰特性及其种类丰富的应用形式，老船木可以应用于从客厅、卫生间、厨房到现代化办公空间，从现代风格室内环境到中式古典风格、田园风格等诸多类型的室内设计当中，具有非常广泛的装饰适应性。如在现代风格室内环境中，船木马赛克可以恰当地装饰于室内墙面界面，以其简洁的格纹和丰富而和谐的色彩很好地同周围环境相协调；由整块船木制作而成的家具造型粗犷、自然，可以恰当地适应于田园风格或海洋主题室内装饰等环境；在中式或东南亚风格、具有温馨气氛的室内环境中，放置由船木板材制作而成的船木家具，其深色调的色彩可以很好地融入室内环境等。

（4）材料的环保性。与一般实木及人造板不同，古船木来自于废旧船身，都是从旧船上拆解下来的木材，不需过多的加工，直接制作而成。另外，室内装饰用的古船木都是采用纯手工打磨的传统制作工艺，除表面涂饰一层清漆外，连构件之间的连接处也没有使用螺丝钉等五金材料。很多船木装饰构件是直接用一整块旧船木材制作而成的，另外一些是采用榫接结构加固物件把两块木材拼接起来，而且一般榫头都裸露在外，这不但没有影响装饰结构的牢固性，还增加了室内环境的古朴风情。船木在二次使用之前，已经在渔船上经历了数十年甚至上百年的日晒和浸泡，木质都十分优良。正因如此，古船木本身就具有很好的品质，其防水、防火、防虫的天然环保性也比实木和人造板更好。

老船木作为一种回收再利用材料，有着诸多优异的特性，这使得其在室内界面装饰中值得引起人们足够的关注。老船木材性优良、装饰方式多样、装饰风格迥异于传统材料，并且蕴含有丰富的情感和故事，广泛适用于不同的室内装饰风格，并随着木质古船的消失而日益体现出材质的珍贵性。作为一种风格独特、小众、小规模应用、较适宜营造独特氛围的室内界面装饰材质，老船木还有很多应用方式、美学价值、文化价值等待着人们去领悟和发现。

2.2.3　玻璃在室内环境改造中的运用

2.2.3.1　玻璃的工程性质

普通玻璃刚度、抗冲击性较差，导热性能优良，可塑性强，硬脆易碎。玻璃具有对光线透射、反射和吸收的光学性质，视觉效果晶莹光洁，质感光滑坚硬。建筑中应用到的玻璃种类很多，主要包括镜面玻璃、装饰玻璃、安全玻璃和节能装饰性玻璃。在旧建筑改造中，玻璃常常被广泛选用，是因为玻璃的通透感可以满足室内采光的需求，而且随着材料技术的不断发展，不同类型的玻璃在保温隔热、安全防护、艺术装饰等方面的优势也逐渐显现。此外，在旧建筑结构中穿插玻璃对原有肌体的破坏程度较小，且易于拆卸，便于日后的再修复。

2.2.3.2　玻璃的文脉特征

作为一种有着独特个性的现代建筑材料，玻璃有着其别具一格的特点。在旧建筑改造再利用设计中，玻璃具有的多重光学特性既可以用来模糊空间界限，又可以在新旧空间转换中强调对比和差异，使空间界面产生不同的表情和意境，形成真实叠加虚幻、现代叠加沧桑的美学视觉效果，从而能满足改造中不同设计思路的需求。

此外，玻璃可以实现对光线的完全透射，进而呈现出完全通透的空旷视野，营造出明亮的光环境。玻璃在建筑中的应用所带来的透明性似乎模糊了建筑空间的界限，成为看不见的隔断，可以提供更为开敞的空间视觉效果。玻璃具有反射性，其反射方式是镜面反射，在适当的角度会有清晰的成像。为了凸显建筑外立面的玻璃材质，可以使用有色玻璃或反射玻璃。

2.2.3.3　玻璃在室内改造中的应用案例

例 1：法国雀巢公司总部。

法国雀巢公司总部于 20 世纪 90 年代由一个巧克力工厂改造而成。在改造设计中，大量的不锈钢和玻璃被建筑师雷钦和罗伯特巧妙地运用到一系列室内连廊的设计中，这些轻型玻璃连廊成为沟通公司内部各个区域的交通组织，寓意着旧岁月向新时代的逐步跨越。通过成功运用玻璃这种当时尚不被人们所熟知的新兴材料，建筑师成功地体现了新旧空间的强烈对比和不可磨灭的联系。法国雀巢公司总部中的玻璃连廊和玻璃幕墙如图 2.27 所示。

图 2.27　法国雀巢公司总部中的玻璃连廊和玻璃幕墙

例 2： 德国蔡司工厂改建。

蔡司工厂曾是世界最大、最著名的光学元件生产厂。设计师在对其进行改建设计中，将焦点放在一个长 200m、名为"歌德长廊"的中庭上，该中庭连接着 12.5 万 m² 的老厂房。改造设计中，中庭拱形屋面采用了染色玻璃，在自然光的照射下，似乎被染上一种类似彩虹色彩的屋顶玻璃，将空间气氛渲染得热闹而温馨，使人们产生了对原工厂辉煌历史的追缅和感慨，如图 2.28 所示。

图 2.28　"歌德长廊"及其染色玻璃屋顶

例 3：伦敦渔市改造。

设计师理查德·罗杰斯（Richard Rogers）在对伦敦渔市的改建项目中将天窗上原本的普通平板玻璃替换为造型新颖时尚的棱镜式玻璃，有效地防止了自然光直射和炫光的产生，同时，保证了均匀稳定的北向采光。此外，设计师运用无框透明玻璃幕墙，在老市场沿街立面后面构造了一个新的入口空间，该空间和原建筑优雅的铸铁雕花大门一起为室内提供自然采光，从而实现了室内外的视觉交融，如图 2.29 所示。

图 2.29　改建后的伦敦渔市内景、新的棱镜式玻璃天窗和无框玻璃幕墙

2.2.4　金属在室内环境改造中的运用

2.2.4.1　金属的工程性质

金属种类繁多，自重轻，易于加工维护，耐久耐热性好，使用寿命相对较长，且其独有的质感易于表现时代特色。建筑改造中常用的金属元素主要包括建筑结构用钢材和金属构件（铝板、锌版、铅板、不锈钢板等）。金属构件在旧空间中的介入一般是通过螺栓等方式与旧肌体连接，对旧肌体造成的破坏较小，而采用铰接的金属加固结构则能有效地改善建筑的抗震性。此外，金属构件易于拆卸，一旦损坏，可以方便地更换和维护，为建筑日后的再修复提供了较大的调整余地。钢材作为一种广泛运用于建筑结构构筑的金属材料，在旧工业建筑中的出现似乎无法避免。在旧工业建筑改造的实例中，可以经常看见经过锈蚀处理的钢板、钢管等搭配着原有肌体将时代的沧桑岁月完美还原。

2.2.4.2　金属的文脉特征

金属作为一种新的建筑材料经常运用于旧建筑改造中，金属通常与旧建筑界面、空间结构中的组成材料的质感和质地都有所不同，容易形成区分。即使在金属结构的旧建筑中也可以通过选用不同色彩、质感或纹理的金属构件和元素与旧有结构形成区别。

2.2.4.3 金属在室内改造中的应用案例

例1：帕尔玛的皮罗塔宫。

位于帕尔玛市中心的皮罗塔宫（Pirrotta Palace），作为法尼斯（Farnese）家族的府邸，其核心部分建于1583—1622年。在此后的使用中不断经历改扩建和再利用，到1970年代，皮罗塔宫已演变成为一座容纳有法尼斯剧场（Teatro Farnese）、考古学博物馆、巴拉丁伯爵图书馆、国家文化中心、帕尔玛大学艺术系及其他文化艺术机构的庞大建筑混合体。1970年，设计师加纳利（Canary）开始将皮罗塔宫的大部分改建为国家画廊，在拆除了部分不合宜结构、修复战争造成破坏的结构以及加强结构构筑之后，于北翼植入了一个轻质的、脚手架式的结构，形成了一个空间可灵活分割的框架体系。设计师戏剧性地将画廊主入口设在剧场重新改建后的大厅内。长长的钢制引桥穿插在空旷的剧场大厅中，搭配着一系列的钢制坡道、天桥和楼梯。原空间内的一些高大廊道被新铺设的以钢桁架支撑的夹层重新分割，如图2.30所示。金属材料在和旧建筑空间本身粗犷朴素的特征形成反差的同时也体现了现代工业的简约和精细。新旧在并置、对比乃至碰撞中完成了各自美学与历史意义的诠释。

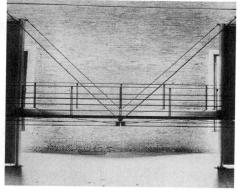

图 2.30 帕尔玛皮罗塔宫改造中加入的钢制楼梯和钢制天桥

例2：意大利的 EDI 总部。

位于意大利米兰唐人街的 EDI（Effetti Digitali Italiani），是一家电影、电视后期制作公司，该公司的新总部位于一座19世纪50年代建成的工厂中。原建筑是一座具有若干弧形坡面屋顶的旧工业厂房。设计师在改造设计的新空间内使用了大量金属材料，以配合建筑本身的工业特色。其中，用以供业主向客户展示成片的电影院设计为一个全部由银色铝材打造的金属"盒子"，而连接

2.31 意大利 EDI 总部的金属"盒子"

工作区和主要工作室的空中走廊则采用了充满工业气息的黑色钢铁，如图 2.31 所示。

2.2.5 混凝土在室内环境改造中的运用

2.2.5.1 混凝土的工程性质

混凝土是一种非匀质的合成材料，具有较好的耐久耐火性，抗压强度高，维修费用低，但抗拉强度低，变形性能差。在不同的受力状态下，混凝土会随着荷载的不断加大而发生破裂。建筑中用到的混凝土主要包括普通混凝土、细石混凝土、抗渗混凝土和膨胀混凝土等。

2.2.5.2 混凝土的文脉特征

混凝土结构是主要的建筑结构形式之一。相较于其他建筑材料，混凝土的成型性很强，具有丰富的造型表现力。现代建筑多以钢筋混凝土结构为主，许多废弃的旧建筑因局部损毁会露出其内在的混凝土质地，弥散出一种特有的坚实、粗糙的真实感。在旧建筑改造中，混凝土由于其不可逆性和自身的物理缺陷，一般不再强调其结构逻辑，而是作为承载某个时代环境特点的情感纽带，通过与新技术、新材料重新组合，反差表达旧建筑改造过程中所传递的更新精神。

2.2.5.3 混凝土在室内改造中的应用案例

例 1：卡尔斯鲁厄艺术和媒体中心。

德国卡尔斯鲁厄艺术和媒体中心是一家跨学科的艺术博物馆和新媒体研究机构，由建于 1918 年的一处旧军火库改造而成，如图 2.32 所示。原建筑是预应力混凝土框架结构，长 312m，宽 58m。设计师彼得·施韦格（Peter P. Schweger）将改造设计工程分为两部分，分别为内院空间的改造再利用和音乐研究工作室的加建。加建的音乐工作室位于旧工厂前面，整体形态是一个高技派的蓝色玻璃箱子，而"蓝箱"内部又放进了一个混凝土结构的建筑实体，在宣示旧建筑生命转变的同时，和原结构融为一体。

例 2：上海冷轧带钢厂改造为上海城市雕塑艺术中心。

上海冷轧带钢厂的厂房是屋顶桁架结构建筑，在改造设计中，建筑师将南部跨度达 72m 长的钢筋混凝土桁架空间整体地保留下来，延续着原本结构的连续性、节奏感以及巨大空间流动感带来的强烈视觉冲击与空间震撼，如图 2.33 所示。

图 2.32 卡尔斯鲁厄艺术和媒体中心

图 2.33 上海城市雕塑艺术中心

2.2.6 新型材料在室内环境改造中的运用

创新驱动发展，随着科技和智慧时代的高速发展，大量新型材料被开发并应用于建筑室内环境改造设计当中，为环境设计的发展注入了新的活力，而这些新型材料的应用往往能够营造出独特的空间意境，成为室内环境设计的点睛之笔。

2.2.6.1 智能材料

智能材料是继天然材料、合成高分子材料、人工设计材料之后的第四代材料。一般说来，智能材料具有七大功能，即传感功能、反馈功能、信息识别与积累功能、响应功能、自诊断能力、自修复能力和自适应能力。智能材料和结构是指将驱动器、传感器及微处理控制系统与母体材料相融合，除了具备普通材料的承载能力外，还能感知、处理内部和外部信息（如应力、应变、热、光、电磁、化学和辐射等）的一种新型材料与结构。通过对环境的变化做出响应，智能材料和结构实现了材料的自变形、自诊断、自适应、自修复等功能，是对生物智能的一种人工模仿。智能材料应用于室内环境中，可以为室内空间增添趣味性，并提升空间与人之间的交互体验，营造出一种浓厚的科技感氛围。

2.2.6.2 形状记忆材料

形状记忆材料是指能够感知并响应环境变化（如温度、力、电磁、溶剂、湿度等）的刺激，对其力学参数（如形状、位置、应变等）进行调整，从而恢复到初始状态的一种智能材料。形状记忆材料是一类有一定初始形状的材料，经过形变并固定为另外一种形状后，通过物理或化学刺激又能恢复到初始形状的材料。这种新型材料应用于室内，通过巧妙的设计，可以在空间结构、室内界面、环境氛围等方面实现一定的功能需求。

2.2.6.3　相变储能材料

目前，能源问题日益受到各行各业的关注。国家大力提倡节能减排，节能技术因此受到了高度的重视，相变储能材料作为一种新兴的节能材料，以其储能密度高、体积小巧、温度控制恒定、节能效果显著、相变温度选择范围宽、易于控制等优点成为材料界的新宠。相变储能建筑材料可用普通建材的通用设备进行加工，兼备普通建材和相变储能材料两者的特点，在施工过程中能够和其他传统建筑材料同时施工，不需要特殊的知识和技能来安装使用相变储能建筑材料。在使用过程中，不需要消耗现有的能源。在旧建筑改造设计中，引入相变储能材料可达到储存能量、调节室内温度、节能减排的效果。

2.2.6.4　环境响应型材料

环境响应型材料能根据环境温度、湿度、光照度等因子的变化而自发发生响应。例如，热致调光材料能够依靠温度变化改变自身对入射光线的透过或吸收特性，近年来逐渐成为智能窗、温度传感器、热可逆记录等热光学领域的一个研究热点。调光材料可以为室内环境设计带来更多的选择。智能调光玻璃如图 2.34 所示。调光玻璃是一款将液晶膜复合进两层玻璃中间，经高温、高压胶合后一体成型的夹层结构的新型特种光电玻璃产品。使用者通过控制电流的通断与否控制玻璃的透明与不透明状态。玻璃本身具有一切安全玻璃的特性，同时又具备控制玻璃透明与否的隐私保护功能。由于液晶膜夹层的特性，调光玻璃还可以作为投影屏幕使用，替代普通幕布，在玻璃上呈现高清画面图像，丰富了室内空间的功能多样性。

图 2.34　调光玻璃在室内环境中的应用

2.3　室内色彩的设计原则

20 世纪著名的建筑大师、城市规划家勒·柯布西耶曾说，"色彩是被遗忘了的巨大的建筑力"。一个成功的室内设计方案必然是对空间形态、材料质感和色彩搭配等多方面的优化整合。在室内环境设计中，无论是空间形态、采光系统、家具部件，还是墙地面的材质、局部的细节装饰陈设等，都依托和承载着对室内色彩要素的设计。相较于形体和空间，色彩在建筑构筑的过程中也许只是一个配角，然而不可否认的是，色彩确是一种简单价廉却具有高度表现力的装饰载体，在室内空间布局和氛围营造中发挥着重大作用。

2.3.1 色彩的特性

在各种视觉要素中，色彩是最敏感和最富有表情的。色彩通过人的视觉感知对人的生理和心理都会产生较大的影响。伦敦泰晤士河上的大桥从黑色变为绿色后，选择在这座桥上跳水的自杀者明显减少，这是体现色彩心理特性的事实之一。此外，国外相关学者曾对赛马做过色彩实验，刚比赛完的马匹在红色环境中安静下来需要的时间比待在蓝色环境中的时间长，这是反映色彩生理特性的典型试验。

现代色彩生理、心理实验结果表明，不同的色彩不仅可以使人们产生大小、轻重、冷暖、膨胀、收缩、远近等心理上的不同物理感受，而且能够使人们产生各种相关的感情联想。人的视觉对于色彩总是特别敏感，所以色彩往往能够表现更为直观的美丽和丑陋。具有先声夺人力量的色彩是最能吸引人目光的诱饵。当配色所体现的美学特征能够和人们的审美情趣发生共鸣，使人们联想起他们所向往的物质精神状态时，也就是当色彩配搭的形式和人们审美心理的形式相吻合时，人们就会感受到色彩和谐的愉悦，并由此产生强烈的色彩装饰美化的欲望。

建筑内部空间的环境塑造可以通过对色彩的不同处理，营造不同的氛围。

2.3.2 色调选择与统调

根据内部不同空间使用功能的不同，设计师往往会选用不同的色调——学习工作空间多用淡雅柔和的色彩色调，而商业娱乐空间往往会选用对比强烈的多种互补色以营造出熙攘热闹的氛围。重点色调多适用于较小面积的涂饰，通常选用饱和度高的颜色，以和基本色调形成对比与反差。强烈的对比会带来的视觉冲击力，能刺激人的思维产生跳跃性发展，但是运用时应注意平衡好对比与调和手法运用之间的程度。

在室内空间设计中，对于各种颜色的运用应该保持其整体色调的统一。多数情况下并不一定要求每个空间的色调都具有明确统一的主题，只需要确定一个起支配作用的主打色，就能实现环境中多种色彩的协调感。这个起支配作用的色彩一般称为统调色。实现色彩上统调的方法有很多种，主要包括色相统调、明度统调和纯度统调等。色相统调是在各色中加入相同的一种颜色；明度统调是在各色中加入定量的黑色或者白色；纯度统调则是在各色中加入灰色。

德国卡尔斯鲁厄艺术和媒体中心是由一幢旧工业厂房改扩建而成的。该改造空间中的色彩组合主要是黑、白、灰，并在部分构件和细节处饰以温和的木色或高亮度的红色。在整体保持典型工业空间单调且冷峻的色彩基调的前提下，通过局部的强烈差异使色彩更为出挑，形成视觉冲击，凸显了新旧之间的融合和区别，如图 2.35 所示。

图 2.35　ZKM 中黑白灰的运用

2.3.3　色彩搭配处理方法

2.3.3.1　强调

在室内色彩设计中，实现和谐统一的色彩组合是大体的设计思路，同时还应该合理运用对比的色彩组合——强调，因为室内过多大面积的趋同会导致单调和乏味。假如我们长时间盯着一个绿色区域之后闭上眼睛，我们的视线里会看到作为视觉残像的红颜色，产生的这个红颜色便是绿色的补色。眼睛之所以要安置出补色，是因为它总是本能地寻求恢复自己的平衡。没有这种平衡，就可能会形成无趣和腻烦。在这种情况下就需要运用强调手法，即在保持整体协调的前提下，在局部使用与环境成为补色关系的对比色，使之成为大环境中的亮点来形成一致性中的变化。

卡太克斯工厂位于巴塞罗那波夫拉努，其建筑内部有着加泰罗尼亚式的拱顶和钢结构，屋顶拥有一个特别的木结构，下面是一个实心砌块。改造后的建筑作为体育文化设施场所使用。在具体的改造设计中，建筑师在一个规则的骨骼构架上贴上不同的皮肤，通过使用各种颜色使每层都具有自己不同的性格，并突出它们临时性的节庆感觉，如图 2.36 所示。

图 2.36 卡太克斯工厂改造中的色彩运用

2.3.3.2 渐变

渐变就是规律性的变化。在进行不同颜色组合时按一定规律使其略有变化就会使整体感觉形成渐变。色彩的渐变包括色相的渐变、色彩纯度的渐变和色彩明度的渐变等。

通过色彩的渐变，可以实现室内色彩的协调。在色彩面积固定的两个互补色之间，只要插入按照渐变秩序排列的几个颜色，就可以缓和强烈的色差。黑和白作为明度上最为极端的两个颜色，放在一起会形成十分强烈的对比，如果在黑白之间设置若干按照明度渐变顺序变化的灰色则会缓解这种对比，这就是色彩渐变的道理。渐变使色彩调和，而调和可以产生美。

A00 建筑工作室由位于上海苏州河旧工业园区的一件旧厂房改造而成。在最初的改造意象中，设计师希望通过重新塑造空间环境以达到新与旧的平衡并赋予新空间戏剧性的变化。在具体设计中，设计师大胆地使用了色彩来增添环境的戏剧性，其中入口处的地面和侧面使用了暗红色的木板，内部转折的楼梯的材料也选用暗红色木板，在暖光灯的映衬下空间显得很温暖，同时削弱了原空间本身的冷漠、粗犷。

朱莉娅·宾菲尔特（Julia Belfort）办公室原建筑空间是一个旧的工业楼，如图 2.37 所示。设计师在色彩选择上别树一帜，在改造设计中，将室内墙面采用海底绿的乳胶漆饰面，搭配着蓝黑的天花，翠果绿的灯光，使得整个空间在色彩上呈现出一种律动，散发着灵动而神秘的新奇内涵，与创意工作室的主

图 2.37 朱莉娅·宾菲尔特办公室中色彩的渐变

题相吻合。

2.3.4　色彩亮度分布

在室内环境色彩设计中，应根据内部空间的不同位置和各种成分在构图中的作用，恰当分配色彩亮度的分布。天花通常处在阴影之中，主要接受来自其他界面反射而来的光线，因此色调亮度应当最高。墙壁作为室内空间的大体量构件，并经常处于人的视野之内，其亮度应比天花略小。地面以及靠近地面的部分，容易受到人为的污染，应具有最小的色调亮度。此外，色彩设计和照明系统设计的合理配合，还可以使光照有利于发挥色彩的物理性能和艺术效果。

2.4　室内照明的设计原则

建筑室内空间的不同明暗效果，可以依靠对光环境的设计来实现。现阶段许多旧工业建筑为了满足高精度生产工艺的需求，避免直射光产生的阴影，确保室内光线尽可能均匀地分布，均采取了天窗或高侧窗采光的方式。工业建筑由于其特殊性，其初始的采光和照明都是为了工业生产而服务的。在改造再利用的过程中大部分需要对相关室内采光、照明进行改造和设计。

2.4.1　光环境作用

建筑室内外的光环境是影响建筑室内工作和生活的重要因素之一，一个好的照明设计对整个室内环境的营造起到了举足轻重的作用，如图 2.38 所示。随着设计观念的革新和变化，光环境设计除了可以实现工作生活的物理照明的原始功能之外，对空间的影响也愈发深远。

2.4.1.1　创造空间

人的心理能利用光的明暗边界界定出不同的空间。在室内改造设计中人们常常遇到建筑本身结构上存在不足，但是又不能更改其原有空间的情况，那么从视觉上来对空间进行设计是通常采用的手法之一，而光的设计则是其中最为实用、关键的一项。例如，在对居室客厅进行照明设计的过程中，通常会在客厅天花的边界处设置暗藏灯带或者一系列的筒灯以照亮边界，从而使客厅拥有分明的界限。在平面布局上，客厅往往与餐厅相连，通过对边界光源的处理，不同区域中光亮度的差异让人能区分不同空间。其中，光在环境中产生的或明或暗的视觉效果是通过对环境照明系统的设计对空间进行的一种虚拟分割，从而形成了不同的光空间。

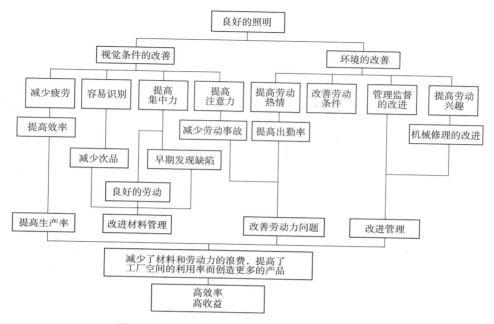

图 2.38　良好的照明对室内空间工作生活的作用

2.4.1.2　营造氛围

在设计室内光环境时，通过确定引入光线的多少、光强度的大小等方面的参数就可以营造出不同的环境氛围。例如，暖色光的光色加强，光的相对亮度发生相应减弱，可以渲染出亲切、温馨的空间感受，该种方法常用于餐厅、咖啡馆和娱乐场所可用来增添温暖、欢乐、活跃的气氛；冷色光则常在夏天使用它，能使人感觉清凉。此外，还可以利用光影效果来营造特定的环境氛围。

2.4.2　光环境设计流程

按照系统论的设计方法，室内光环境设计的流程主要包括室内环境分析、照明效果设计、光环境结构设计、照度调整校核。

2.4.2.1　室内环境分析

室内环境中的光环境系统不是单独的存在，光环境和空间、空间里的介质以及空间里的活动个体保持着不同维度上的沟通。所以在对光环境设计之初，首先要明确空间的功能、环境的性质，室内环境界面材质的种类，室内环境的使用人群定位等因素，最后才能确定室内光环境设计需要满足的大体要求。

2.4.2.2　照明效果设计

照明效果设计是指根据使用要求和照明质量的要求确定适当的照度、照度的分布、室内亮度的分布以及明确照明效果的层次等。一般来说，光环境的层次分为环境照明层次、功能照明层次、重点照明层次和装饰照明层次等。环境照明是实现对整个空间的照明，通过提供背景光为环境氛围创造基调；功能照明是为了满足空间使用者进行各项活动的需要而提供的照明；重点照明是为了体现空间中的视觉焦点，视觉焦点主要包括各种各样的陈设物品和一些建筑装饰细节。装饰照明不同于前面的三个层次，它不再借用光来突出被照物，而是将光作为主角，通过光的不同表现形式达到美的视觉装饰效果。

2.4.2.3　光环境结构设计

对光环境结构进行分析是指根据目标照明效果，选择合适的光源和照明组合方式。一般来说，光环境可分为自然光环境和人工光环境。基于对光亮度的要求，人们可以使用的自然光主要是日光。人工光源主要分为非电光源和电光源，非电光源是传统光源，在电灯出现之前人类使用的人造光源都属于非电光源，包括最原始的篝火、油脂灯、蜡烛以及之后的煤油灯、煤气灯等。电光源是指以电力作为能源动力的光源，白炽灯和荧光灯是具有代表性的电光源，此外还有被称为 LED 的发光二极管。

不同光源的表现效果不同，自然光不仅节约能源，而且视觉感官上使人更为习惯和舒适，但自然光随时间、季节周期性变化，会出现不稳定性和非连续性。人工照明不仅可以作为自然光不足时的补充，还具有装饰功能。合理的灯具布置能使工作面上照度均匀，光线射向适当，无眩光阴影。

一个完美的光环境设计需要在效果导向下确定其结构组成，光环境中光的来源主要是自然光、人工光或是两者的结合，室内局部细微之处可选用点光、线光或面光，光环境的结构设计同时还包括灯具的选择——色彩、造型、式样的确定等。

2.4.2.4　照度调整校核

在采光口设置和安装照明灯具完毕以后，要审查照明效果与设计要求之间的差异和符合度，通过适当的后期调节和校准完成设计管理中的最后环节。室内各界面表面的反射系数及相对照度都应该满足标准需求，如图 2.39 和图 2.40 所示。

此外，在进行室内光环境设计调整时，可以恰当利用光线照射自然产生的阴影来衬托室内物体，通过控制光线改变阴影的面积、强弱和位置来体现物体的质感和体积感，如图 2.41 所示。

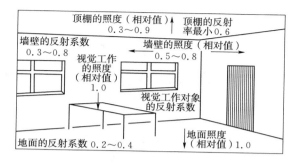

图 2.39　室内各表面的反射系数和相对照度

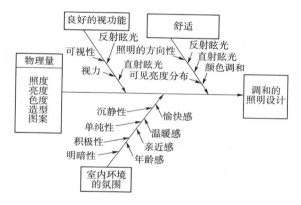

图 2.40　良好照明的特性因素

图 2.41　利用光线阴影调整室内光环境

2.4.3　光环境实现的形式

2.4.3.1　自然采光

通过选择不同的采光位置，能够得到不同的光环境，对自然光的运用方法一般可以分为垂直面采光和顶部采光两种。通过在外墙使用遮阳板和嵌装窗格，或者在室内设置窗帘、百页等，可以调节、控制和改变引入光线的强度和光线射入的方向。

垂直面采光是指开设侧窗引入自然光，光照效果取决于两个因素：一是窗洞与墙体面积的比例，二是窗洞在墙体上的位置。通过调控窗洞所处位置可以影响引入光线的照射区域，从而使光线强调室内的特定空间。垂直面采光可以选择较好的朝向和室外景观，但随着空间进深的加大，采光率会迅速降低，在这种情况下一般需要采用高窗、双向采光或转角采光来进行弥补。

设计师在对"标准营造"工作室的改造过程中将本来凹进室内的大窗分隔成一些凸出墙面的竖向小窗，如图 2.42 所示。窗的通风功能脱离了玻璃窗形体，真正的通风口掩藏在窗板的木板墙处。如此固定在最外墙上的整幅玻璃"假窗"成了建筑对外传递出的唯一信息。

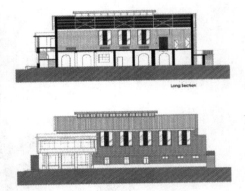

图 2.42　"标准营造"工作室的垂直采光

顶部采光的照度分布较均匀，可以照亮建筑的深处，且受框架和结构的制约较小。顶部采光的具体措施主要包括天窗、中庭的设置以及透光楼板的运用。

嘉铭桐城会所由原北京首钢冶金机械厂改造而成。原厂房为单层大空间，整体光环境以侧窗采光为主，矩形天窗为辅，由于设置了夹层，原有的采光无法满足新形成的二层空间的需求。设计者在改造过程中通过插入 4 个贯穿顶部的中庭解决了这一问题。随着建筑内部加入了中庭，即增加采光井，原有采光方式由匀质无差别转变为综合多层级式，如图 2.43 所示。

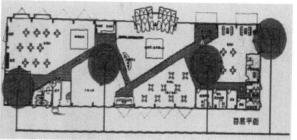

图 2.43 嘉铭桐城会所中加入中庭

为了同工业生产相匹配，工业建筑在设计中特别注重自然采光和通风，大多有采光口和各种天窗。工业建筑结构的特殊性使得在其非承重墙上开设新的采光窗比较容易实现，因此，设计师在对其进行改造时可以依据新空间的采光需求确定新采光口的形式和尺度。同时，在改造旧工业建筑时可以依据原建筑的采光条件选择适宜的改造模式。一些具有高侧窗和天窗的生产厂房比较适合改造为对光线有特殊要求的空间，如展览馆、美术馆等艺术空间。

2.4.3.2 人工采光

人工采光简单来说就是"灯光照明"，人工采光设计主要包括灯具配置、灯具选择、灯具分布设计等。灯具的不同配置可以产生不同的照明方式，室内空间中的人工光环境设计即是对这些照明方式的综合搭配使用。通常使用的照明方式主要包括直接照明、间接照明和漫射照明。

林格托大厦是由建于 1915—1921 年的林格托（Lingotto）汽车工厂改造成的一个多功能空间，具有许多新的复合功能，包括展览、办公、居住、会议与音乐厅以及文化教育等。设计师伦佐·皮亚诺（Renzo Piano）在改造设计中对照明系统有着针对性的强调，挂在悬臂上灯的灯光向上照射并在天花板上形成反射，而安置在地板上的灯用来照亮墙壁，同时还可以通过调节这些灯具的控制角度来照亮特定区域和展品。在展览厅的照明设计中，照向天花的灯光产生的宽敞明亮感与射向展品的聚光灯光产生的局部紧凑感形成反差，有利于使展品瞬间抓住人们的欣赏眼光，如图 2.44 所示。

泰特美术馆内部的人工照明由位于天花板里的灯箱提供，每间房的灯照效果都有细微的差别，并且可以根据需要对光照的色差和强度进行搭配和调整，如图 2.45 所示。自然光线的引入方式有四种，包括大厅立面的长条形侧窗采光、涡轮间的顶部天窗采光、顶层加建的光梁采光以及展厅区域的高窗采光。另外在巨大烟囱顶部加盖的半透明薄板可以在夜幕降临时折射出靓丽的光芒。

泰特美术馆内部的照明设计与多元化的展厅完美结合，成功创造出了丰富多样、充满趣味的光环境空间。

图 2.44　林格托大厦的内部照明　　　　图 2.45　泰特美术馆的内部照明

2.5　室内空间连接的设计原则

室内各个功能空间之间的关系主要分为空间里的空间、相邻的空间、穿插空间、过渡空间和组合空间，如图 2.46 所示。

空间里的空间：一个大空间其中包含一个或若干个小空间，也就是母子空间。大空间与小空间之间很容易产生视觉及空间的连续性，并保证空间的整体性。

相邻的空间：邻接是空间关系中最常见的形式，邻接允许各个空间根据各自的功能或者象征意义的需要，清楚地加以划定。相邻空间之间的视觉及空间的连续程度，取决于它们既分隔又联系在一起的那些面的特点。

穿插空间：由两个空间构成，各空间的范围相互重叠而形成一个公共空间地带。当两个空间以这种方式贯穿时，仍保持各自作为空间所具有的界限及完整性。

过渡空间：相隔一定距离的两个空间，可由第三个过渡性空间来连接或联系。

组合空间：包含多种简单空间关系的复合型空间关系。

将各个功能空间连接在一起的媒介主要为横向的通道空间与竖向的楼梯空间。楼梯在建筑中不仅使人类在竖向多层空间进行活动成为可能，而且还可以利用其特有的韵律和造型创造出各种有特色的空间。本节通过大量实例，力图探索木质、大理石、钢筋混凝土、钢架、玻璃等不同材料在现代楼梯创新设计

（a）空间里的空间

（b）相邻的空间

（c）穿插空间

（d）过渡空间

图 2.46 不同种类的室内空间关系

中的运用方法。

在建筑史上，楼梯是最古老的建筑构件之一，楼梯在空间演绎中的功能显而易见：一方面，楼梯是居室中竖向空间的连接，是解决人流集散和楼层之间的纽带，这是楼梯最基本的使用功能；另一方面，作为极富有表现力的建筑造型部件，楼梯具有丰富的空间艺术性，通过利用楼梯可塑性很强的实体特征可以创造出各种有特色的空间，形成各种具有独特氛围的环境。

20 世纪末，复式楼成为热销楼盘。复式楼盘的出现使人们注意到了楼梯的需求，开始重视"楼梯亦能成为一条风景线"的装饰效果。随着住宅条件的改善，现如今，人们越来越青睐跃层式、错层式、复式甚至花园式等住宅类型，而 LOFT 的居室形式也得到一些时尚年轻人的钟爱，在这些住宅类型中，楼梯成为居室中必不可少的元素之一。在意大利，楼梯已被视为一件非常重要的家具，由此而催生了专业的楼梯设计师。

楼梯一般由楼梯段、平台及栏杆（或栏板）三部分组成，楼梯段又称楼梯跑，是楼梯的主要使用和承重部分，由若干个踏步组成。楼梯的自重十分轻盈，而单层楼梯踏板的承重却能达到 400kg 左右。

　　每一种材料人们都会有不同的认知属性，都是不同的设计语言元素。在楼梯设计中，巧妙合理地运用不同材料亦会创造出各具特色的艺术风格。几千年前，人们就已经开始运用木、石、土、砖、天然混凝土等建造楼梯，在埃及金字塔、中国万里长城等宏伟建筑中发挥了各自特有的艺术效果；大工业革命后，楼梯业进入突飞猛进的发展时代，各种创新与设计在楼梯中不断涌现，这种发展主要源于新技术和新材料的大量应用。

　　（1）木制楼梯。木制楼梯是目前市场占有率最大的一种楼梯。木楼梯保暖效果好，给人温馨的视觉感受和舒服的触感。但木楼梯耐磨性较差，不易保养和维护。

　　如图 2.47 所示，这是一款名为"魔幻之花"的楼梯，设计师的灵感源自郁金香，选用非洲橡木为主材料，以一根木制空心扭转的中立柱为受力中心，踏步沿中心 360 度旋转，栏杆作大面积镂空处理，使郁金香花纹随楼梯的旋转而绽放，分割出丰富的空间背景。

　　（2）大理石楼梯。石材是一种坚硬、不腐朽，并且不受时间影响的物质。大理石楼梯如图 2.48 所示。大理石楼梯比较适合空间较大，且室内已经铺设了大理石地面的居室，这样可以达成室内色彩和材料的统一性。大理石踏板虽然触感生硬而且较滑（一般要加防滑条），但装饰效果豪华，易于保养，防潮耐磨，现在主要运用于空间宽敞的别墅之中。

　　　　图 2.47　"魔幻之花"木制楼梯

　　图 2.48　大理石楼梯

　　（3）钢筋混凝土楼梯。钢筋混凝土强度高、可塑性强，完全可以满足设计师对结构强度和建筑审美的要求，可以充分体现设计师的设计意图。19 世纪末钢筋混凝土的发明，使人们可以建造悬臂式和大跨度楼梯，此后，建筑设计中呈现丰富多彩、各式造型的楼梯成为可能。悬臂式楼梯如图 2.49 所示，这是一种简练又时尚的楼梯。在人们的视觉感知中，钢筋混凝土是一种高强度材料。于是，将其使用在造型线条简练的悬臂式楼梯上，就不会使人们产生感觉楼梯不够坚固的感觉，使人们有安全感。

（4）钢结构楼梯。炼钢工业的崛起，又将楼梯的发展向前推进了一大步。用钢材建造的楼梯轻巧坚固，便于预制加工和安装。钢材因此成为现代楼梯的主要建造材料。现代钢楼梯体积小，厚度薄，视觉效果轻盈、通透，具有独特的审美价值，除了具有传统楼梯的体积感之外，更多地表现

图 2.49　钢筋混凝土悬臂式楼梯

为一种强烈的空间感。2010 年上海世博会的中国船舶工业馆如图 2.50 所示，它是世博工程中利用旧工厂改建的最大的场馆之一。这个多功能展览馆保留了原工厂钢结构车间的建造风格。为了通往各楼层的大小馆厅，在车间内新建了多个宽大的钢结构楼梯。设计的钢梯结构形式与场馆中的色彩协调一致，保证了展馆设计风格的整体性。

图 2.50　中国船舶工业馆钢结构楼梯

（5）玻璃楼梯。进入 20 世纪，玻璃等新颖材料得到快速发展，用这些新材料制造和装饰的楼梯给人们带来了新奇的感觉。玻璃楼梯视觉效果简约时尚，受到了前卫人群的欢迎。玻璃楼梯的优点是轻盈、线条感性、耐用、不需太多维护，缺点是会给人一种冰冷感和不安全感。用于踏板的玻璃一般是钢化玻璃，承重大，以透光不透明的玻璃为最佳。贝聿铭主持设计了著名的法国卢浮宫玻璃金字塔，其中的螺旋楼梯如图 2.51 所示，采用的就是全透明玻璃栏

杆，它使整台楼梯显得格外轻巧。该楼梯受力的主梁设计在螺旋梯内侧，将从内侧外挑的扇形悬臂与外弦的薄梁连接成整体，是非常合理的结构设计，也是楼梯造型设计的卓越代表作。

图 2.51　卢浮宫玻璃金字塔中的螺旋楼梯

　　（6）混搭材质楼梯。充分发挥各种材料的特点，将多种材料有机地组合在一起使用的混搭材质楼梯也是一种常见且有效的楼梯设计方法。在楼梯设计创作中，不同材质的"混搭"使用已受到设计师和消费者的普遍认可，比起单一材料来，多一种元素的加入就会多一份情趣，比如木铁组合、不锈钢与玻璃组合等。

　　如图 2.52 所示，这款楼梯利用钢筋混凝土制作旋转楼梯的梯段，用木材外封踏步和楼梯侧板，用铁艺做栏杆，再镶上木扶手，最后铺上踏步地毯。该设计同时体现了楼梯的力与美，不仅实现了楼梯流畅的造型美感，而且传递给人以温暖和安全的感受。

图 2.52　钢木组合的楼梯

以不锈钢为主材、利用玻璃栏杆装饰的楼梯，是 20 世纪 60 年代流行于欧洲的现代主义作品。现代主义艺术思想产生了许多艺术流派，极少主义派擅长运用韧性强和装饰效果好的不锈钢及钢化玻璃做楼梯的创作材料，以淡化楼梯结构构架的沉重和踏步的厚实。这种超传统的艺术风格，也是当今世界上最为流行和代表时尚的风格，如图 2.53 所示。

图 2.53　不锈钢与玻璃组合的楼梯

楼梯具有功能上的单一性和建筑平面布局上的灵活性。巧妙创新的楼梯设计可以极大地丰富室内空间的层次和韵律。而各种材料不同的材质性能和特点给设计师带来了无限的楼梯创作灵感和设计空间，为延续楼梯文化提供了广泛的可能性。但值得注意的是，楼梯是整个室内环境设计的一部分，选择什么样的材料做楼梯，做成什么造型的楼梯，必须与整个室内空间环境的总体风格相协调。

2.6　本章小结

旧建筑内部环境改造设计的整体思路包括空间形态组织、材料选用、色彩设计、照明设计和空间连接设计 5 个方面，本章针对上述五个层面展开研究，提出了重塑旧建筑室内环境的具体方法和原则。

（1）旧建筑内部空间形态组织再设计的手法主要包括空间功能的转型调整、空间布局的重新组合、空间的加建和扩建。

（2）在旧建筑室内环境改造设计中，材料选择的基本思路包括传承协调和对比突出。木材、玻璃、金属、混凝土以及新型功能材料作为建筑的主要工程材料，熟悉它们的工程性质和文脉特征有利于在改造设计中加以合理运用。

（3）对室内色彩进行设计过程中，要在熟悉色彩特性的基础上依据空间使用功能准确地选择色调，合理地搭配色彩，巧妙地分布色彩亮度，以使室内环境形成最佳的视觉效果。

（4）光环境对空间的作用包括创造空间和营造氛围，按照系统论的设计方法，室内光环境设计的流程主要包括室内环境分析、照明效果设计、光环境结构设计、光的调整。人工采光和自然采光是建筑室内主要的采光方式。

（5）室内各个功能空间之间的关系主要分为空间里的空间、相邻的空间、穿插空间、过渡空间和组合空间。楼梯在建筑中不仅使人类在竖向多层空间进行活动成为可能，而且还可以利用其特有的韵律和造型创造出各种有特色的空间。运用木质、大理石、钢筋混凝土、钢架、玻璃等不同材料可以实现现代楼梯的创新设计。

第 3 章　旧工业建筑室内环境改造模式

　　良好的空间匹配关系是对旧建筑空间进行适应性再利用的基本前提。工业建筑不同于民用建筑，工业建筑是为生产而建，生产用原材料、机械设备和生产产品是空间的占用主体，此类建筑空间的设计是以物的生产过程为依据；民用建筑则是为生活而建，其空间的使用主体是人，对民用建筑空间的设计准则是人在空间中的行为模式。

　　出于对生产性基本使用需求的满足，工业建筑的整体空间形态通常具有大体量、大空间、大容积的特点。正是工业建筑这种大尺度的空间形态，为人们后续进行种种改造行为和活动提供了多种想象和可能性，也为原空间向其他类型的空间转换提供了更多的调整余地。基于此，旧工业建筑逐渐成为旧空间活化的主要对象，人们愈加关注其在居住、商业及艺术等方面的改造再利用的潜能。本章在深入分析旧工业建筑类型的基础上，以功能为主导探讨了旧工业建筑室内环境的改造模式。

3.1　旧工业建筑的分类

　　要对旧工业建筑进行恰当的改造再利用，应该首先明确建筑的类型特征，才能把握改造的重点，做到有的放矢。王建国先生在《后工业时代产业建筑遗产保护更新》中从建筑的建造时间、空间与结构特征、建筑使用功能三方面进行了系统分类。其中按照工业建筑的不同空间特征与结构类型，将旧工业建筑内部空间分为了以下三类。

　　第一类，具有高大内部空间的建筑，其支撑结构多为巨型钢架、拱、排架等，通常具有内部无柱的开敞大空间，包括容纳大型机械设备以及生产维修大型重工业产品的单层车间厂房、存放大体积物品的大型仓库以及码头、车站的装卸大厅等。其中厂房为了便于采光和通风，大多设置了天窗，而且天窗的立面往往造型简洁、清晰。此类单层厂房的内部空间比较适合改造成为剧场、礼堂、展厅、博物馆、美术馆等需要大体量空间的建筑，如成都工业文明博物馆和厦门市文化艺术中心等，如图 3.1 和图 3.2 所示。

图 3.1　成都工业文明博物馆

图 3.2　厦门市文化艺术中心

第二类，空间较第一类低的常规型工业建筑，如工业厂房、职工食堂、仓库和宿舍等，其特点是空间开敞宽广，大多为框架结构的多层建筑。屋顶覆盖面积小，一般不设置天窗。多层厂房的内部空间适宜改建成为餐厅、办公楼、住宅和娱乐场所等具有多种功能的复合型建筑形式。例如，位于意大利都灵的林格托大厦，其前身是汽车制造中心，原建筑是一个五层框架结构的老厂房，改造后的综合性空间融合了商业、文艺等多重功能，是迄今为止建筑改造领域中的伟大成就，如图 3.3 所示。

图 3.3　林格托大厦

第三类，异型空间工业建筑，主要是一些特殊形态的建筑物，如煤气储存仓、储粮仓、发电站的冷却塔、船坞等。此类构筑物由于其生产功能大多结构坚固，而又往往具有特异的空间形态。这种特异的空间结构对建筑的改造会产生一定限制，但为设计师提供了良好的创作想象空间，同时也为建筑改造设计开启了新的思路。这类旧工业建筑适合改造为大小不一的建筑，如艺术中心、工作室或地区标志性建筑等。位于欧伯豪森市的欧洲最大的圆桶瓦斯槽在1988年停止使用后被公认为景观杀手。1994年，大瓦斯槽经过改造，变成一个巨大的全封闭的单一展览场所。这项改造使其成为完整记录当地工业时代足迹且富有文化内涵价值的标志性建筑，如图3.4所示。笔者对位于北京市内的旧工业建筑改造相关案例进行了粗略汇总，如表3.1所示。

图 3.4 欧伯豪森市瓦斯槽及其内景

表 3.1 北京市旧工业建筑室内改造案例汇总

年份	项目名称	原功能	新功能	设计者
1992	北京双安商场	手表厂	大型商场	
1993	北京牡丹园厂房改造	电视机厂	办公、公寓	邓雪娴、王毅
1995	北京官园商品批发市场	印刷厂	批发市场	
1999	北京外语教学与研究出版社二期	印刷厂	办公楼	崔恺
2000	北京藏库酒吧	精密加工厂	LOFT 酒吧	王功新、林天苗
2000	北京泰德家世界	北京标准件厂	家具超级市场	布正伟、罗岩（已拆毁）
2001	北京远洋艺术中心	纺纱厂	售楼处、艺术中心	张永和（已拆毁）
2001	北京大学核磁共振实验室	锅炉房	核磁共振实验室	张永和
2001	北京大山子798艺术区	电子厂	艺术家工作室	
2001	北京 774 及 101 厂房改造	电子管厂房	涉外出租办公楼	庄简秋、张彪

年份	项目名称	原功能	新功能	设　计　者
2001	北新桥厂房改造	旧厂房	办公楼	
2003	苹果社区售楼处	锅炉房	售楼处、美术馆	张永和、王辉
2003	嘉铭润城住宅社区会所	旧厂房	社区会所	刘力
2007	尤伦斯当代艺术中心	电子厂	艺术中心	Jean Michel Wilmotte、马清运
2012	外郎家园8号改造	电线电缆总厂	创意产业园	薛运达、Christine Cayo 等
2015	work8	电线电缆总厂	众创空间	朱毅、刘宇

3.2　旧工业建筑改造为展示空间

3.2.1　可能性与设计重点

改造为各种展示空间是旧工业建筑更新项目的一大方向。这主要是因为工业建筑空间与展示空间在空间结构、采光、外观形态和局部设备等方面存在很多关联性。

（1）空间结构。一方面，展示空间一般需要比较开阔的空间，以便给参观者提供足够的驻足观赏和集散交流的公共区域；另一方面，因为不同展品尺寸的不同，需要能够提供较多空间变化可能性的空间结构。而工业建筑为了保证生产工艺的顺利开展，需要容纳较为沉重、体积庞大的机器设备，所以工业建筑往往具有高大开阔的空间形态，这是工业建筑自身特点与展览建筑设计要求最突出的契合点之一。另外，工业建筑大多为框架结构，实施增添拆除隔墙、夹层等空间元素的处理较为容易。因此，工业建筑具有改造为展示空间的空间形态和结构优势。

（2）采光。为了满足生产作业对采光的要求，旧工业建筑一般都配置有天窗或高侧窗。室内采光充足，有利于营造宽敞明亮的空间环境，从而有利于满足展示空间对光环境的需求：一方面要求充足的采光，另一方面要求避免眩光。

（3）外观形态和局部设备。旧工业建筑与展示空间在结构、功能、造型等诸多方面都存在共性。旧工业建筑某些外观与细部的造型很独特，如超乎寻常建筑的大尺度、裸露在外的管道、异型的构筑实体以及尺度较大的烟囱、锅炉、管道、机具设备等。这些工业元素的保留或抽象化提取运用可以营造出独具特色的空间氛围，进而强化展示空间的艺术气息和人文风情。

3.2.2 典型案例解析

3.2.2.1 北京今日美术馆

北京今日美术馆位于北京市朝阳区百子湾路 32 号，由北京市啤酒厂的锅炉房改建而成，建筑面积 2720m²。结合原有锅炉房的结构特点，通过对其内部空间结构、室内光环境和外观形态等三方面进行改造，实现了将超尺度的旧建筑空间改造为具有艺术气息的现代美术馆。

（1）空间结构改造。原锅炉房按其空间结构可以分为三部分：混凝土框架钢屋架结构的锅炉车间，砖混结构的引风机房、辅助用房、运煤坡道和控制间，独立的烟囱。主体锅炉车间的室内高度达 20m，空间面积约有 1300m²。设计师在对旧锅炉房空间改造中拆除了一些无使用价值的构件，还原了原空间的整体形态，然后结合新的使用需求，将空间合理布局，形成了入口空间、展示空间和办公空间等。

1）功能置换。设计师在设计中为了实现对原有空间遗留的工业痕迹最大化保留，仅仅拆除了一些和新功能有矛盾或无关联的工业用途空间——烟囱和控制间，其余空间全部保留。锅炉房原是一个五层建筑，改造后，位于底层的设备空间通过清理成为书店、餐厅等，二层、三层、四层作为原有锅炉主体车间被改造为主体展示空间，其中二层的超高展示厅是今日美术馆的最大特色空间。原来顶层的辅助用房现在用于办公空间。原本的引风机房中插入了钢制楼板将空间进行了垂直划分，四周界面饰以各种彩色，变换成了小型会议洽谈室的功能空间。而在后车间南面的广场上将原有烟囱进行了拆除，通过水平加建形成了若干方形空间，用于展示样板间，如图 3.5 所示。

2）加建入口。斗型变截面是原建筑中常常出现的结构，凡是和锅炉房、煤渣运输等相关的空间形态都呈现为斗型变截面。改造中，设计师在保留锅炉房和煤渣运输等相关空间原有运煤水泥大漏斗基础上，以斗型变截面形状作为基本造型，在建筑外立面上加建梯形钢梯，从而形成通往二层展览大厅的变截面入口和主体大厅之间的垂直连接。变截面空间的适度表现使"进入"成为某种仪式：步行、上升、转折；而"离开"这一反向运动却带来完全不同的放松和释然感受，如图 3.6 所示。

（2）材料选择和更新。材料选择和更新立足于以下两点：

1）对比突出。改造设计中，加建构件的材料多是工业色彩浓重的钢或铁，包括入口处的钢架阶梯、方格钢丝网和展厅的梯形钢梯、铁板等。这些金属元素的添加和旧建筑红砖色的外墙产生了强烈的对比，突出了新旧空间完全不同

二层 三层

四层 五层

图 3.5 二层超高展示大厅，三层、四层展示空间，五层的办公区

图 3.6 加建的变截面入口

的视觉感受。运用金属材质体现了金属在不同使用情态下营造出来的不同空间视觉感，即利用材料的不同配搭强调空间经历的变化，引导人们感受时代转换的新奇与落差。

2）协调统一。事实上，任何建筑中都会残留一些与时间流逝相关的印记，从建造的那一天起直到被拆除，中间的时间历程是一个媒介，不光承载着自身的变化，而且记录着里面人的活动。锅炉房外墙的红砖肌理便是该建筑"那个时代"的载体之一，改造中为了强调这种材质的整体效果，保留旧工业的历史印记，设计师用同样的红砖填充了墙面上的侧面方窗，填充的痕迹依然清晰可见。

（3）室内光环境设计。原建筑主体五层的通高空间为照明设计带来了一定的难度，而侧窗的减少又使自然光线的照明失去了可能性，怎样在如此高的空间内实现适合用于展示的灯光环境呢？设计师在光环境设计改造中主要利用了光填充空间，运用多种照明设备（直射灯、灯带、日光灯等）进行光环境的优化。二层的超高展厅通过规律的吊顶内嵌灯和直射灯的搭配满足照明需求，三层、四层的展厅通过竖向悬挂的灯管和不加任何修饰的原通风管道达成了工业时代原始朴素的风格统一，形成了具有怀旧趣味的别样界面，如图3.7所示。

图 3.7　展厅的灯光设计

北京今日的美术馆改造的最大成功之处在于设计师很好地通过原建筑的形态特征衍生出新的空间形态，使"新"和"旧"之间建立了一种对比又统一的联系。

3.2.2.2　北京尤伦斯当代艺术中心

尤伦斯当代艺术中心位于798艺术区包豪斯厂房内，建筑面积6500m²。2004年，建筑师马清运和让·米歇尔·威尔莫特（Jean Michel Wilmotte）结合原旧工业建筑的结构特点和代表元素，通过对其内部空间结构、光环境、局部细节设计等三方面进行设计改造，建造了这座多功能现代艺术机构。

（1）内部空间改造。内部空间改造立足于以下两点：

1）功能置换。原工业厂房建筑为单层大跨度空间，层高9.6m，由南北两个11m的高跨和低跨空间构成。设计师在分析了原工厂建筑现状和新功能需求的基础上，保持了原空间的结构完整性和一些大工业时代的特色印记，如高达 50m 的大烟囱，其大体量的砖石质感能够瞬间勾起人们对逝去岁月的感叹，成为 798 艺术区的标志性构筑物之一，如图 3.8 所示。改造后的艺术中心拓展了建筑物的原有功能，包含了展览、商业、办公以及文化等复合功能。

2）垂直分割。在空间重塑的具体设计中，建筑师将原内部空间使用垂直分割的手法把大空间分解成为两层，同时在入口空间保留了原有的大空间形态，形成了围合中庭。中庭两侧空间的一层用作纪念品超市、展览空间及一个小放映厅；二层是办公区域，并围合着入口的大空间设置了一圈走廊，如图 3.9 所示。

图 3.8　50m 高的烟囱　　　　图 3.9　室内空间垂直分割为办公区和商业区

（2）材料选择与更新。在材料的选择上，设计师注重新旧材料的混搭。为了延续工业时代的简单和纯粹，保留了红砖的烟囱以及烟囱上的某些铁件，同时为了增加现代感，采用了壁纸、玻璃、不锈钢、釉面砖等。其中二层办公区域的维护材料采用透明安全玻璃，充分引入自然光线，营造出通透的内部空间。而天窗和局部加建的顶棚则覆以半透明的磨砂玻璃，既满足了自然采光的需要，又形成了一种特殊的空间环境，同时还避免了清理上的麻烦。金属材料的使用并不多，集中体现在走廊的栏杆构件和保留的大烟囱的分割构件上，通过局部材质的对比手法凸显了一种朴素而原始的工业美感。此外，展览空间以清色水泥铺饰地面，水泥的朴素与原工业建筑空间的沧桑气氛形成呼应，搭配刷有白色涂料的隔墙，共同渲染着一种简洁精致的氛围。整体装饰色调以黑白两色为主，显得明快简洁，墙面的花色壁纸与地面的釉面砖同时又增加了空间的活气，如图 3.10 所示。

（3）光环境设计。室内光线通过自然采光和人工照明两部分予以保障，其中天窗采用磨砂玻璃，充分利用自然采光；室内护栏、隔断大量采用钢化玻

图 3.10 办公区运用玻璃和金属

璃，增加了空间的通透性。局部区域通过筒灯、射灯等装饰照明光源进行烘托，以增加材料或线条的历史感。改造中，设计师通过增加天窗元素和大量运用通透玻璃，充分保证了办公空间和展示空间的自然采光，并且在局部加强了人工照明以烘托出空间中的某些特殊景致，如对保留的大烟囱采用局部照明，利用独特光线凸显出旧时代材料的真实质感，营造出新旧对话的空间氛围，如图 3.11 所示。

图 3.11 改造中的照明设计

（4）局部细节设计。局部细节设计立足于以下两点：

1）保留旧设备。对于原建筑遗留的有代表性的设备机具，设计师选择了保留并进行改造利用。在艺术中心门厅，保留了原有的斑驳砖墙和蒸汽管道，设备外形突兀，吸引眼球，如图 3.12 所示。这些旧有元素作为旧工业建筑的代表性符号不仅唤起了人们对过往岁月的回忆，也表达着一种和现实对比与冲突的艺术感。此外，通过对烟囱进行整修，并将其附近设置为休憩区，实现了新旧时空的交融。旧有大烟囱的保留，是对历史的尊重和对旧有元素的合理利用，如图 3.8 所示。

　　2）陈设用品设计。现代艺术品已经不仅仅存在于展览空间之中，如图 3.12 所示的实墙，已经不仅仅具有功能属性，其在特殊的空间中已然成为一个现代的艺术品。

图 3.12　旧设备的保留

　　尤伦斯艺术中心经过改造巧妙地体现出多层次的使用属性，成为一个集合了商店、展览、讲座、学术研讨及办公的多功能空间。功能在空间中有趣划分，动线分离但在空间中相互渗透与共享。恰当地保留和暴露原有建筑结构，使旧时代的工业元素并不突兀地点缀着现代空间，成为一抹别有味道的风景。

3.3　旧工业建筑改造为办公空间

3.3.1　可能性与设计重点

　　旧工业建筑大部分为框架结构，易于内部空间的分割，但是由于建造时存在技术局限性，往往柱间距较小，柱径较大，占用面积大，柱子的位置使空间的重构受到一定制约。同时工业建筑内部进深通常较宽大，有挑高，在对空间进行平面上的横向划分时往往会形成光照暗的房间或者过高的空间。因此在将高大工业空间改造为办公场所的设计中，应重点考量不同内部空间对照明的不同需求以及不同工作的工作习惯对于空间尺度的特殊要求。

3.3.2　典型案例解析

　　北京市外语教学与研究出版社的二期工程是将印刷厂加建改造成办公楼。原来印刷厂的三层建筑由两部分组成：南边是框架结构的厂房，北边是砖混结构的办公空间，两部分之间由沉降缝分开，内部以坡道相连。厂房内的运货电梯井道是宽大的砖混结构，尺寸无法缩小。厂房东墙外的一处简易平房是卸货区兼仓库。

　　（1）内部空间改造。内部空间改造立足于以下四点：

1）功能置换。建筑师崔恺在原三层建筑上通过垂直加建的手法新建了两层，用作办公空间。原厂房外的卸货平房改造为入口门厅，并在门厅上方垂直加建了一个7m高的透明玻璃厅。原有货梯被改为液压客梯，宽大的井壁上设计了文字浮雕并配以不同光色的照明，呈现出来的效果弥补了原空间的空荡。印刷厂南墙距外国语大学围墙之间的狭长空间上加建了用于办公的平房，并在平房和楼梯之间3m宽的空间顶部加玻璃采光，形成室内花园，如图3.13所示。

2）加建廊桥。要实现改建后的办公楼与外研楼主体的相连，需要避开两楼之间的道路和古树，因此设计师选择了架桥方案。为避开印刷厂外的古松，钢桥从办公楼三层高处的树间空档穿过。为了减少跨度，设计师在桥西桥东的两楼外新建了两面墙，为协调两楼的标高和对应的差异，主楼与新墙间留出了空间。廊桥巧妙而自然地将新旧相

图3.13 外研社二期工程外观

连，形成了一个整体。廊外的古松枝叶亦增添了人们在廊中行走的视觉感受，如图3.14所示。

图3.14 加建廊桥

3）隔墙和中庭。印刷厂原旧厂房平面是由框架结构和砖混结构组成的几何形体，两者呈T形布置，中间以缝相隔，结构的逻辑限制了空间的联系。改建中设计师通过垂直重组的设计手法将框架局部楼板拆掉构成中庭，并将砖

混建筑的部分外墙引入，新搭建的室内天桥穿过隔墙的墙洞将被中庭隔开的两部分空间衔接。这种建筑腔体的使用，不仅实现了自然光线的引入，而且丰富了内部空间的趣味性，使建筑内部避免出现暗房间，节约了能源，如图 3.15 所示。

图 3.15　引入隔墙和中庭空间

　　4）光墙会议室。在对三层南侧临街立面上的一间会议室的改造设计中，设计师充分利用原建筑框架结构的特点，将其设计为一个嵌在原建筑内的椭圆形空间，并覆以玻璃砖，光透过玻璃渗入室内，墙面如晶体般晶莹剔透，椭圆会议桌上方呼应着椭圆壳形吊顶。整个空间的设计大胆新颖，玻璃透明感的空间形态嵌在红色的外立砖墙面上，凸显了差异材质之间的冲突感，颇有现代建筑的时尚感。

　　（2）材料的运用。材料的运用主要立足于以下两点：

　　1）协调统一。这里的统一指的并不是印刷厂本身新旧空间的统一，而是和外研社主体建筑的统一，以及改建建筑内外空间的统一。改建后的印刷厂为了在建筑造型上与已建成的一期工程相协调，外墙采用了与外研社主楼一样的深红色陶土毛面砖饰面，窗户换上白色铝合金窗。同时，室内墙面材料大量采用了同样的深红色陶土面砖。

　　2）对比突出。印刷厂前的美丽古松是设计师崔恺对这个建筑空间改造的主题。为了达到很好的观景和采光需求，印刷厂在改建中大量使用了玻璃，除了将面向古松的建筑外窗尽量加大外，还加建了玻璃厅。三层的椭圆会议室同样运用了玻璃幕墙。这些门窗玻璃大多采用了浅灰色反射玻璃，局部用了一些淡蓝色透明玻璃和钢结构，这些玻璃和深红色砖墙形成强烈的对比，展现出独特的时代感，如图 3.16 所示。

　　（3）总体评价。由印刷厂改建而来的外研社二期工程有着诸多设计亮点，其中最令人称叹的是设计师实现了旧厂房原本的砖混结构和框架结构的巧妙结合，通过隔墙形成中庭，同时通过设计"天桥"这种独特的连接形式，实现了空间变化的趣味性。

图 3.16　改造建筑玻璃的运用

3.4　旧工业建筑改造为休闲空间

3.4.1　可能性与设计重点

　　旧工业建筑也常被改造为休闲空间，例如餐厅、茶馆、咖啡厅和酒吧等。一方面是因为高挑的工业建筑空间敞亮易于改造；另一方面则是为了利用其具有独特个性和文化内涵的空间造型和另类的残留工业痕迹来吸引顾客，满足顾客的文艺情怀。这类改造设计在注重厂房实体利用价值的基础上会更加强调旧工业建筑所独具的沧桑感和文化韵味，在尽量保留或还原部分原有建筑结构和设备的前提下加入现代使用功能。

3.4.2　典型案例解析

　　位于北京工体北路的藏酷酒吧，原是精密加工厂的旧厂房。藏酷酒吧在改造后形成了三个不同使用功能的空间，即酒吧、餐廊和艺术工作室。

　　（1）内部空间改造。内部空间改造主要立足于以下两点：

　　1）水平扩建玻璃餐廊。设计师在原有厂房外利用轻钢龙骨框架和钢化玻璃加建了一个长条状的玻璃餐廊，新增了一系列空间。其中餐廊入口一侧更是设计了一个极出挑的尖嘴状的户外装置，虽然没有任何使用功能，但却通过钢和玻璃两种工业材质组合搭配不规则的空间形态，成功地使藏酷酒吧成为这一片平淡朴实的板式住宅小区中最另类的建筑，如图 3.17 所示。这种令人印象深刻的处理手法很好地体现了商业的招徕性和标志性，它远胜于其空间意义的解释：指向内部的压抑行为体验和指向环境的开放视觉体验的差异叠合。

2）夹层设计形成垂直分割空间。位于酒吧后面的新媒体艺术工作室是一个通过设置部分夹层形成的两层空间，不连续夹层的设置形成了一个通高的展示空间，相对开阔宽敞。二层为小的作品展示区和商洽区，其中二楼一侧的玻璃门外是搭建在一楼门口上方的玻璃立台，站在这里可以看到一楼全景，如图3.18 所示。

图 3.17　水平扩建玻璃餐廊　　　　图 3.18　设夹层形成垂直分割空间

（2）材料的运用。藏酷酒吧在改造中大量使用了玻璃和钢。餐廊立面是钢框架的玻璃围合，形成了通透的光环境，将室内和室外融为一体。艺术工作室的纯玻璃室内楼梯和几处玻璃地面形成呼应。酒吧空间里亦不难找到玻璃的存在感。在所有保留下来的未经粉饰的柱子四周镶上的玻璃是和老建筑对话的有效媒介。站在工作室外的院子里往回望，砖结构的旧厂房外墙上有斜向上的奇特的户外设置，亦是由钢框架和玻璃构成。

（3）陈设细节设计。藏酷酒吧在细节的陈设设计上很有趣味。在走廊和餐位之间的狭小玻璃围合中生长着大树，当夜晚彩色灯光透射在玻璃表面时，如同是放大的盆景装饰。酒吧空间里也有一处以树为主题的装饰物，倒挂在天花上的树木被白色纱绳交缠。树木象征的生命力在这个光怪陆离的娱乐场所里似乎别有寓意。这种近乎荒谬的诡异配搭完成了特定景致在普通空间形态中对于某种情感的歇斯底里般的发泄。

酒吧里放置了一些中国古典样式的太师椅，这种设计和原空间的意象形成冲突，似乎在告诫欢娱的人群不要忘了应守的规矩。对这种奇特意味的理解虽然因人而异，但却成功地让人产生了一种想要深思的停顿。此外，在一面长长的墙面上整整齐齐地固定了一排大小一样的黑白电视屏幕，时空似乎又发生了穿越，使顾客体味到老一辈录像艺术家白南准将摆放电视机引入装置作品的趣味性，如图 3.19 所示。

图 3.19　玻璃围合的树、中式桌椅、黑白屏幕

　　对于没有相关视觉经验的人而言，藏酷酒吧确实具有一定的冲击力，带给人们很多独立的新奇设置或意料之外的兴奋。但是在改造过程中，设计者没有充分考虑各个空间的合理对接关系，而是简单地通过夸张的材质对比和色彩对比形成一种过度的感官消费。在商业价值和艺术文化之间，刻意地强调似乎失去了空间本身的味道。

3.5　旧工业建筑改造为商业空间

3.5.1　可能性与设计重点

　　将旧工业建筑内部空间改造成为商业空间，是一种注重厂房实体利用价值的改造方式，目前较为常见，在改造项目中占有很大比例。一方面是因为工业建筑具有高大宽敞的室内空间，往往可以较容易地进行或水平或垂直的分隔合并获得较大面积用作商品的展示空间；另一方面，商业空间对于建筑的保温、隔热、隔声等技术方面的要求较低，所以在改造过程中通常可以保留原有的外围护结构，不需要太多资金成本的投入就能达到店面的入驻要求。北京双安商场是我国对旧工业建筑商业改造的首例。目前对旧工业建筑的商业改造方向主要包括商业街、购物中心和复合型商业空间等。

3.5.2　典型案例解析

　　北京标准场位于北京望京燕莎商城东侧，曾被改造为泰德家世界家具商贸市场，如图 3.20 所示，现已拆毁建成居民区。标准场原本的两幢厂房

图 3.20　改造后的泰德家世界外观

建筑面积分别为 $4085m^2$ 和 $4469m^2$，均为多跨钢筋混凝土结构。在改造中，设计师将其结构体系完全保留，底层的内部空间经过垂直分隔作为放置家居用品的库房，同时发挥它的展示功能。

（1）内部空间重组。设计师在单层厂房的多跨柱结构中重新设置了空间支撑体系。将原单层建筑垂直加建成两层，这样和另一幢两层厂房相协调，如图 3.21 所示。通过在厂房之间新建建筑实体将原本无关系的空间相连，新建空间作为家具超市的入口大厅。改建后的总建筑面积为 $12305m^2$，其中增建面积为 $3750m^2$。

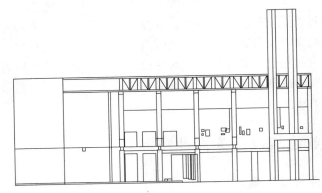

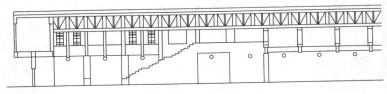

图 3.21　改造中的内部空间重组

（2）色彩设计。在具体的室内环境色彩设计中，设计师运用简洁的现代手法，使用了基于三原色的色彩构成手法，通过三原色在不同空间的主题体现形成差异化的色彩空间。这样的色彩设计降低了原空间的工业化气息，配合上暖色调的灯光照明效果，使空间环境的商业气氛在恬静中散发出来。

该改造设计方案中，为了将原本并无关联的两间工业厂房整合在一个用于家具产品销售展示的大商贸空间体系中，设计师将改造重点定位在了主次出入口空间设计和公共空间的氛围渲染和互动设计上。设计师在对体现总体创意的空间构成和空间构成中画龙点睛的外显特征这两方面重点着墨后，将空间转换中的建筑形象与环境艺术设计很巧妙地融合在一起，从而将空间的商业文化气息渲染开来。

3.6 本章小结

旧工业建筑往往具有大体量、大空间、大容积的空间特征，这种大尺度的空间形态，为其向不同类型的空间转型提供了基础条件。本章以功能为导向，在对旧工业建筑进行细致分类的基础上，详细分析了将旧工业建筑改造为展示空间、办公空间、休闲空间、商业空间等空间形态的可能性与设计重点，并着重分析了国内外不同地区的典型案例，探讨了将旧工业建筑转换改造为不同空间模式的手法和精彩之处，从而为大中城市的生态规划和城市旧工业建筑更新进程提供参考。

第 4 章　旧工业建筑改造为众创空间设计实践

北京作为中国最繁华、最全面承载华夏文化的大都市，不同历史时期留存下来的建筑，广泛存在于人们的现实生活中，其中相当一部分具有多种复合资源价值，但同时又处于陈旧、过时、与现代需求不相适应的矛盾中。为了更好地利用旧工业建筑，就要根据旧工业建筑各自的不同特点，进行重新规划、功能置换，挖掘其社会和经济价值，充分利用旧工业建筑的空间高度、砖石木等天然材料的质感、独特的结构体系进行改造利用。

4.1　北京 798 艺术区概述

在北京旧工业建筑改造的实践中，最具代表性的当属 798 艺术区了。798 艺术区位于北京东北方向朝阳区大山子地区，是于 20 世纪 50 年代由苏联援建、东德负责设计建造的重要工业建筑，对其进行改造当属北京旧工业建筑改造实践中最具代表意义的项目之一。798 艺术内的典型建筑是现浇混凝土拱形结构，室内天花呈灰色拱形，最高处达 8.6m。为了满足工艺生产的采光需求，原建筑设有北向倾斜的条形侧高窗，使室内环境拥有均匀、恒定的自然采光，高空间、大柱距的建筑框架完整保留了兴建之初德国包豪斯式的艺术风格，空间内仍然残留着一些斑驳的红色标语和废弃的工业设备，历史与艺术在这里凝聚成巨大的视觉冲击力，营造出独具文艺气息的意象氛围。进入 21 世纪之后，一大批艺术家来到 798 废厂区，对这里的闲置厂房进行了改造。不久，一个汇集了艺术中心、画廊、艺术家工作室、设计公司、广告公司、酒吧等功能空间的艺术社区逐渐形成。如今，曾经的 798 废工业场地俨然已经成功化身为 798 艺术区，成为近距离观察中国当代艺术的理想场所，是世界了解北京当代文化现象的一个渠道。如图 4.1 和图 4.2 所示，便是北京 798 艺术区改造前后的建筑对比。

图 4.1 北京 798 艺术区改造前   图 4.2 北京 798 艺术区改造后

4.2 北京 798 艺术区建筑改造的手法

4.2.1 外部空间扩充

　　旧建筑的加、扩建是在原建筑结构基础上或在与原建筑关系密切的空间范围内，对原建筑功能进行补充或扩展而新建的部分。因此，改变其原有使用功能，须结合 798 艺术区的新功能需求，改变原有单一的功能使之成为拥有综合功能的建筑。

4.2.1.1 水平扩建

　　在 798 园区内，很多原旧建筑的边缘出口均增建了由玻璃钢桁架构成的延展空间，合理地利用了空间，满足了各组成部分用于门厅、休息区，展示等其他需要室内空间体量较大的功能，如图 4.3 所示。

4.2.1.2 垂直加建

　　如图 4.4 所示，这座展厅在其背面相对较矮的一段原结构上增建了一个木质的"口"字形构筑空间，从而在占地面积不变的情况下，有效地增加了建筑用于展示的面积，提高容积率，满足经济要求。

4.2.2 内部环境设计

　　798 艺术区的室内改造与其他历史建筑的改造再利用一样，配以现代的设备和设施，使其适应现代功能需要，但是 798 艺术区的改造设计仍带着自己的特点，无论是室内空间形象的塑造、室内色彩的确定，还是室内装饰材料的选

图 4.3 外部空间的水平扩建前后对比

图 4.4 外部空间的垂直加建

择等，都结合了原建筑体包豪斯风格呈现的简练朴实的基调，使"新"和"旧"得到了较为合理的融合。

4.2.2.1 室内空间组织

通过室内空间的组织、分割及其界面设计并结合各类设备手段满足人们在环境中的各种功能需求，这是室内塑造和布局的基本要素及原则之一。798艺术区改造充分考虑了新建筑功能在空间上的要求及利用旧建筑的室内外空间和其空间特点，进行了必要的扩建，合理地组织和安排空间，包括墙体元素的加减和设置夹层等重塑手法，如图4.5所示。通过增加室内隔墙，室内空间形成了不同层次和深度，将展览区很好地划分成了两个区域，而圆弧形的墙体形状和拱形天花似乎在有意无意中形成了和谐配合。拆除墙体则是为了加大某些特定空间，形成较为宽阔的视野，如图4.6 所示。对内部进行了挑高设计的 798 艺术区内的旧工厂建筑，采用内部分层即增加楼板的处理方法，将高大空间划分为高度、尺度适合使用要求的若干空间，是非常明智、经济的选择，如图 4.7 所示。

图 4.5 室内隔墙的增加

图 4.6 墙体元素的拆除

图 4.7 合理夹层的设置

4.2.2.2 室内色彩设计

798 艺术区内的绝大部分建筑室内设计选择的基本色彩是黑、白、灰，如图 4.8 所示，局部则根据展出或艺术家的不同风格附以其他色彩的搭配和调整。选择黑、白、灰作为室内色彩的主调，一方面是因为 798 园区的建筑室内外多是黑白灰的基本组合，黑色的金属门窗，白色的墙面，深灰色的大面积地面和混凝土拱形天花，以黑白灰作为室内改造的色彩基调，可以延续建筑原本的氛围和质感；另一方面，黑、白、灰的色彩组合符合人们对旧建筑，尤其是旧工业建筑的联想，体现了"新"与"旧"相辅相成的设计思想。

4.2.2.3 室内材料选择

优良新材料的出现都会对设计产生深远影响，并推动设计的发展。材料和质感是更新设计时协调新旧建筑的纽带。798 艺术区的室内更新改造中，在较大面积的装饰部位采用了与老建筑某一部位同样的建筑材料，让人们感到新旧建筑之间的亲缘关系。同时在某些局部的补足和添加部分采用了轻巧的新材料和新样式（如钢材、铝合金材料、大面积玻璃等），如图 4.9 所示。尤其是科学技术的使用，采用新型彩色木基材料通过"套色雕刻"这种新颖的艺术表现形式对装饰材料进行改进，明显区别于原有建筑的厚重外观，反映了历史的时代变迁。

图 4.8　室内黑、白、灰的色彩组合　　　　图 4.9　钢材、玻璃的运用

另外，所有天花上的设备，如空调风道、风口和消防报警系统以及照明系统，都采用裸装的方式，所有的电气管线及通信、信息管线亦采用可随时调整的半暗装的方式，尽管以上部分内容都没有全部隐蔽，但并不给人以杂乱无章的感觉，反而给人以真实自然的印象，如图 4.10 所示。

不难看出，798 艺术区在室内空间的更新设计中，在空间形态、功能安排、色彩确定、材料选用上，都凸显并充分利用原建筑空间的特点，加之合理运用现代技术、现代设计来满足新的功能需求，给"旧"建筑注入"新"的元素，较好地完成了旧貌换新颜的空间更新设计过程。

文化的传承需要延续性，保存历史并不是多愁善感，而是将之作为文化和精神上的必需品。我们必须要珍惜保存具有历史性价值的旧建筑，我们保存它们不是将其当成怜悯感触的博物馆展示品，而是赋予它们新的用途。如今，对旧工业建筑的保护及再利用已成为世界范围的研究课题。通常建筑再利用可节省新建费用的 $1/4 \sim 1/3$。然而国内对旧建筑进行整体改造的实践

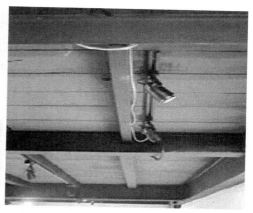

图 4.10 管道、照明系统等设备采用裸装方式

起步较晚，发展较缓。过去在城市更新和发展中采用的"推倒重来""拆旧建新"的做法或者虔诚地保存、严格地复原，近乎"冷冻式"的保护措施，都在很大程度上浪费了一些旧建筑自身的历史价值、文化价值、经济价值和艺术价值。

798 艺术区内建筑的时代特征明显，造型简洁，内部空间完整、高大，建筑北侧的高天窗形成较为均质的室内光环境，这些都很好地适应了当代艺术活动的建筑和空间的需求。基于原建筑独有的优势，局部进行适当的外部空间形态重塑和内部新环境的设计，完成功能置换，达到空间重生。798艺术区建筑改造方案是威尼斯 12 个中国优秀建筑展之一，是 2004 年北京双十年优秀建筑展的重要展品。从 798 艺术区的建筑成功改造案例中，我们看到，只要合理地调整建筑的功能定位，运用恰当的改造手法，是可以"变废为宝"，使建筑在其有限的生命周期内发挥出良好的文化效益和经济效益的。

4.3 北京 798 艺术区改造设计实践

此次设计任务的对象聚焦在位于 798 艺术厂区内包豪斯厂房的一个展厅上，面积约为 280m²。该展厅是在原厂房建筑的长方形空间内极简地插入三面隔墙形成了开敞空旷的展示空间，并将南端隔出作为办公区，对整体空间的利用率较低。改造前的建筑外观以及展馆室内状况如图 4.11 所示。

通过实地调研考察，发现该展厅位于整个厂房的中部，游客流量较大，

图 4.11　798 艺术区改造前的工厂建筑外观及某展馆内景

除了可以赋予其单纯的展示功能外，还可以加入休息休闲的文化区域功能，从而丰富原建筑使用空间的功能，提高对整体空间的利用率。于是改造设计的整体方案是在对原有结构保留的基础上融入新的空间形态，并搭配相应的材质、色彩和光环境，通过巧妙处理空间与空间的关系、空间与建筑的关系、空间与区域的关系、空间与时间的关系，创立不同的空间体验，体现不同的抽象思想和设计焦点，在尽量留有余地并在减少不同功能区域特殊性之间的矛盾中找到很好的平衡。如图 4.12 所示，为旧建筑原户型和改造为展馆后的平面布局。

4.3.1　室内空间划分

根据新的使用要求，改造设计中将原有空间格局打开，还原到最原始的结构状态后再通过使用水平分割和垂直分割的手法进行重组，形成三个不同功能的空间区域，以增加空间与空间之间的联系性、灵活性，满足功能的同时提升环境品质。北部为餐厅空间，中部为展示空间，南部办公空间。其中餐厅空间插入夹层，形成两层的就餐空间，提高空间的利用率。南部的办公空间在横向上较之前有所扩大，包含了设计人员所需的工作空间，如设计师工作间、会议区、开放办公室及卫生间等。同时在垂直方向上插入夹层，上层仍为展示空间，作为对原展示空间缩小的弥补。中部空间通过墙体元素的增加以满足展示展览的功能需求，如图 4.13 所示。

4.3.2　室内风格设计

三个功能空间的风格都为简约风格，以实现整个空间的主基调统一，不会

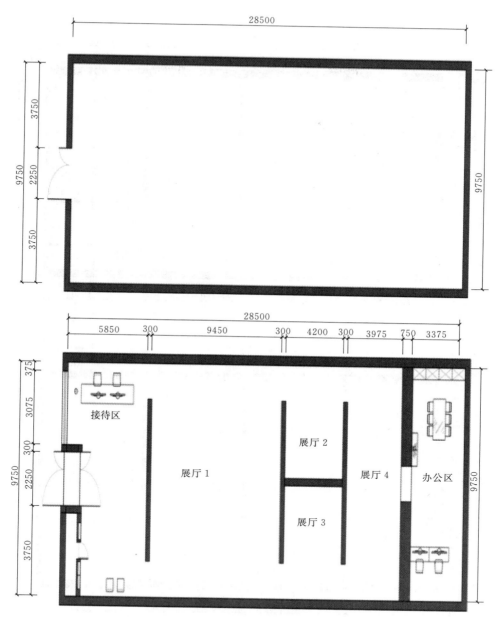

图 4.12　旧建筑原户型和改建为展馆后的平面布局（单位：mm）

给人以杂乱的视觉感受。同时三个功能空间的简约风格又会结合各自的使用功能而略有不同，其中餐厅为北欧原木风格，以营造出休闲时刻的温馨与静谧；展览空间继续保持原功能空间的极简风格，但利用冲突元素的介入与对比来抓

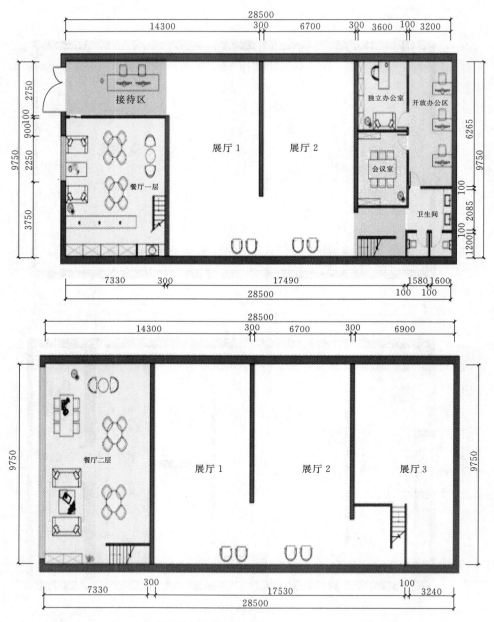

图 4.13　新改造设计方案的平面布局（一层、二层，单位：mm）

住人们的视线；办公空间为现代简约风格，在满足办公需求的大前提下，通过家具陈设的选择布局来呼应文化空间的文艺主题。

4.3.3 室内材料选择

材料和质感是更新设计时协调新旧建筑的纽带。在对 798 艺术区的厂房进行室内更新改造中，仍然在较大面积的装饰部位采用了与老建筑某一部位同样的建筑材料，让人们感到新旧建筑之间的亲缘关系；同时在某些局部细节上的新建部分选用了不同的新材料或新样式，如铝合金材料、钢材及大面积的玻璃等。具体来看，新材料的选用集中在两个部分。一是在办公区内大面积运用磨砂玻璃，为会议室和独立办公室设置宽大的玻璃窗，可以弥补办公区自然采光的不足，保证大进深下的通风顺畅。玻璃具有反光、通透、富现代感等特征，以玻璃材质作为媒介形成开放、半开放、封闭的节奏，既保留了工厂残留的痕迹，又使新的空间形态清晰地"叠加"在历史建筑的痕迹上，使空间形态在历史与当代之间不停地交叠转换、自由穿梭，将传承历史、活在当下很好地演绎了出来。二是在餐厅区选用木质材料，木质的桌椅、复合木地板以及二层的木梁顶装饰都在尽情渲染着北欧的田园气息，如图 4.14 所示。而在对展厅的材料处理上，则尝试将新建的石膏板墙面、玻璃墙面、水泥板墙面进行退后处理，使古朴的混凝土质感的柱网体系静静地悠然伫立，让开敞的空间变得稳健挺拔，映衬着新和旧的对撞。

4.3.4 室内色彩定位

原建筑室内色调是黑、白、灰的基本组合，黑色的钢制门窗，白色的石灰腻子墙面，深灰色的大面积地面和混凝土拱形天花。因此，在进行改造设计时仍然选择黑、白、灰作为主体展示空间色彩的主调，来延续建筑原本的氛围和质感，局部附以强烈的对比色（红黑）来刺激视觉感知，使人们在对旧工业建筑的缅怀中看到新元素的诞生。餐厅区的空间色彩则是用温和大面积的木色来弱化黑、白、灰的色调组合，反客为主，以实现旧工业残留痕迹对新功能空间的点缀。办公区实则是用鲜艳的色彩反差来突出后现代风格的简约，各种纯色的搭配似乎在强调我们其实不是在办公，我们是在用灵感与激情创造炫丽。如图 4.15 所示即为设计意向效果图。

4.3.5 室内光环境设计

原建筑有着大面积北向而倾斜的条形天窗，完全可以保证原单层高大空间的日常采光，如图 4.16 所示即为原空间室内的自然采光。改造设计中针对三个展厅进行了导轨射灯的安装，以满足对展览作品的局部采光和弥补自然采光的不稳定性。二层餐厅区临近天窗，自然采光极好，只需加设三盏吊灯进行补

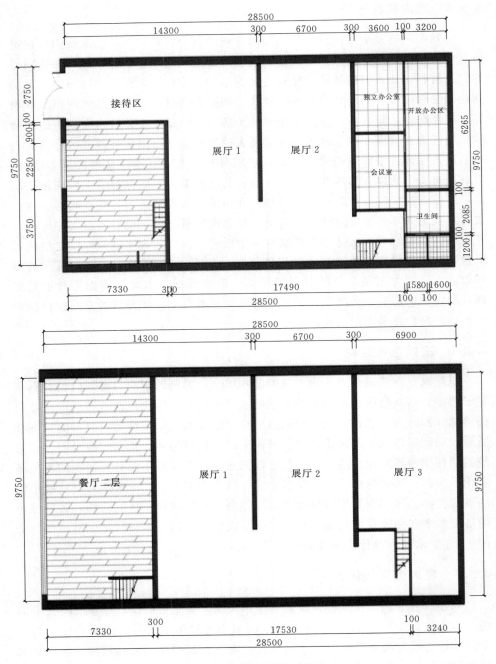

图 4.14　餐厅区地面铺装图（单位：mm）

(a) 二层餐厅　　　　　　　　　　　　　　　　(b) 展览厅

(c) 开敞办公区　　　　　　(d) 会议室　　　　　　(e) 独立办公室

图 4.15　设计意向效果图

图 4.16　原空间室内的自然采光

充即可。整个空间的照明设计实际上集中在一层展厅和办公区，因为原建筑结构对这两部分空间没有引入自然光。设计中对不同空间采用了不同的改造手法。一层餐厅通过开设垂直条形窗引入自然光，并且保证了通风。办公区的照明则完全依赖于人工采光，通过设置暗藏灯带和筒灯的吊顶提供日常办公的亮度需求。改造后的人工照明设计如图 4.17 所示。

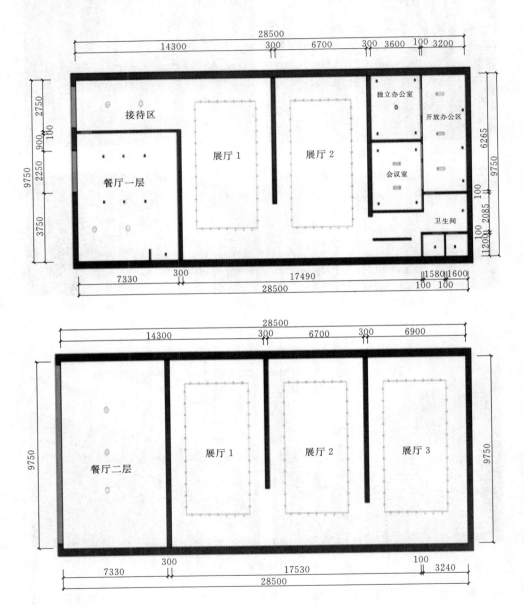

图 4.17　改造后的人工照明设计（单位：mm）

4.4 本章小结

北京 798 艺术区旧工业建筑在改造中的转变和重生很好地诠释了"建筑可以成为一种容纳各类不同使用功能的容器"的说法。本章从外部空间扩充和内部环境设计两方面重点分析了 798 艺术区旧工业建筑的改造手法,从室内空间划分、室内风格设计、室内材料选择、室内色彩定位、室内光环境设计 5 个方面开展了 798 艺术区改造设计实践。研究表明,依据新的使用功能需求,在遵循科学的设计思路的前提下,完全可以综合运用改造手法将旧工业建筑巧妙地转变为不同的空间形式。而旧工业建筑本身独有的艺术魅力则伴随着新功能空间的塑造,一点一滴铺陈开来,得到沉淀和升华。

第 5 章　众创空间室内环境设计

众创空间对室内功能和环境的需求与传统室内空间有很大不同。众创空间的使用者大都为处于创业初期的创业者们，这使得在众创空间的室内功能布局中，不需要封闭的、独特的高管办公区，而是更倾向于选择便于团队协作和交流的开敞办公区。因为创业初期，为了方便团队讨论、洽谈，需要更多的洽谈休闲区和会议室。相比于传统办公空间，众创空间的室内环境是一种更轻松、活泼、充满正能量，能够让创业者们高效办公、健康办公，同时可以在繁忙的工作中放松身心、重新充电，并增加员工幸福感、亲切感、获得感和归属感的空间环境。

5.1　众创空间运行模式

在正式提出"众创空间"概念之前，我国已诞生了孵化器、加速器、创业苗圃等一系列创业服务平台。在这些平台的帮助和扶持下，国内创业环境日新月异，创业观念与时俱进。科技部统计数据显示，截至 2015 年年底，全国科技型孵化器数量近 3000 家，众创空间 2300 多家。全国科技型孵化器孵化面积超过 8000 万 m^2，服务和管理人员超过 3 万人，在孵企业数量超过 10 万家，成型企业超过 6 万家，孵化器内的创业人数超过 150 万人。由此可见，我国创新创业规模不断增大，效率显著提高，大众创业、草根创业的"众创"景象蔚然成风。但是孵化器本身却存在盈利模式单一、严重依靠房屋出租收入等问题。

与传统孵化器相比，众创空间重点不在空间，而在于众创："众"指大众参与，而非仅精英参与；"创"不仅指创新创业，还包含创意创投，泛指创业服务的全链条。因此，众创空间除了为创业者提供工作空间，更多的是提供一种全要素、专业化的创业服务。科技部也一再表示，众创空间的发展绝不是传统的房地产建设，而是在现有孵化器和创业服务的基础上，打造一个开放式的创业生态系统。

总体来说，可以从两个角度对众创空间进行分类。首先，按照参与主体的不同，可分为政府主导、中小企业主导、高校和科研机构主导、创投机构主导、大型企业主导以及中介机构主导的众创空间，如图 5.1 所示。通过灵活、创新的"＋孵化器"形态，汇聚多方资源，实现多赢的目标，起到提高初创企业成功率、创造就业机会、培养高端人才、促进地区经济发展等作用。

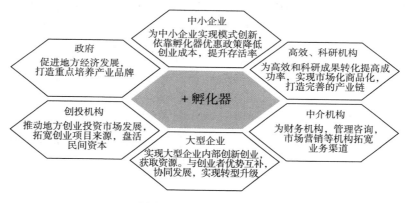

图 5.1　众创空间的类型

（资料来源：清科研究中心）

其次，创业企业按照服务阶段和专业服务能力的不同，可分为创意阶段、种子阶段、创业阶段、成长阶段及成熟阶段。在不同阶段，创业教育、创业孵化、天使投资、创业社区等各类服务靶向集聚，推动创业生态链的良性循环，如图 5.2 所示。

众创空间在我国刚刚兴起，虽然提倡不通过租金而通过专业化创业服务盈利，但由于处于高速发展的历史早期，运营模式还有待探索，从其前身创新型孵化器的商业模式来看，包括但不限于以下 8 种。

（1）以"开放技术平台＋产业资源支持"为特征的大企业带动小企业模式。平台型企业依托行业领军优势，征集筛选创新项目和团队，提供技术服务平台、种子基金、团队融合、行业资源对接等服务，帮助小企业快速成长。微软创投加速器面向早期创业团队和初创企业，提供为期半年的"开放技术平台＋全球技术专家指导＋创业辅导"孵化服务，由 3 位微软研究院副院长和 5 位美国 IEEE 院士等 22 位微软技术专家组成辅导团、16 位资深投资人和成功创业者组成创业导师团，为创业者在技术开发、产品构建、资源对接等方面提

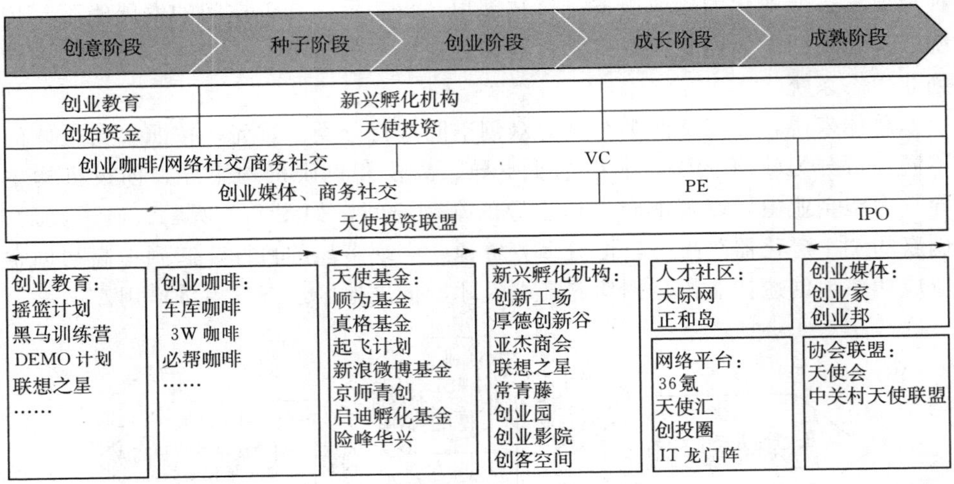

创意阶段	种子阶段	创业阶段	成长阶段	成熟阶段

创业教育	新兴孵化机构			
创始资金	天使投资			
创业咖啡/网络社交/商务社交		VC		
创业媒体、商务社交			PE	
天使投资联盟				IPO

| 创业教育：
摇篮计划
黑马训练营
DEMO 计划
联想之星
…… | 创业咖啡：
车库咖啡
3W 咖啡
必帮咖啡
…… | 天使基金：
顺为基金
真格基金
起飞计划
新浪微博基金
京师青创
启迪孵化基金
险峰华兴 | 新兴孵化机构：
创新工场
厚德创新谷
亚杰商会
联想之星
常青藤
创业园
创业影院
创客空间 | 人才社区：
天际网
正和岛

网络平台：
36氪
天使汇
创投圈
IT 龙门阵 | 创业媒体：
创业家
创业邦

协会联盟：
天使会
中关村天使联盟 |

图 5.2　创业生态链

（资料来源：中关村管委会）

供专业辅导。石谷轻文化产业孵育基地依托趣游集团，建立了从研发到产品再到销售的轻游戏产业孵育生态价值链，为小企业设立了 5000 万元早期投资基金。

（2）以"产业基金＋专业技术平台"为特征的产业链模式。云基地聚焦云计算应用，以投资为纽带，引入云计算领域的优秀项目和企业，提供云计算服务运营验证平台、仿真实验室以及产业链资源支持，打造完整的云计算产业链。为入驻企业提供银行贷款授信支持，帮助入驻企业解决进京户口、外籍员工绿卡、居住证等。目前已经集聚云计算企业 24 家，获得融资近 3 亿元。

（3）以"早期投资＋全方位服务"为特征的创业模式。创新工场设立系列化的投资基金，组建专业服务团队，为创业团队提供从开放办公空间到早期投资、产品构建、团队融合、创业辅导、市场开拓等全方位的创业服务解决方案。清华厚德创新谷搭建开放式资源聚合平台，建立涵盖 5 万～50 万元、50万～150 万元、150 万～600 万元等不同阶段的系列早期投资基金，联合 30 余位天使投资人，共同开展投资、创业辅导、行业资源支持等服务，与500startup 等国际国内知名机构合作，发掘优秀项目。

（4）以"交流社区＋开放办公"为特征的开放互动模式。创业咖啡搭建起各类创新创业资源交流融合的平台，形成了不同创业群体聚集交流的圈子。车库咖啡通过实体与虚拟相结合的方式，聚集全国各地乃至海外的创业者，提供行业交流、开放办公空间、"技术服务包"、融资对接、产品构建等服务。3W

咖啡面向大公司的职业经理人和技术骨干，通过俱乐部聚集优秀创业人才。

（5）以"创业培训＋早期投资"为特征的发掘培育模式。联想控股与中科院共同推出的"联想之星创业CEO特训班"提供"创业教育＋创业投资＋创业辅导＋创业交流平台"服务，企业家、投资人、教授联合授课和指导。亚杰商会的"摇篮计划"每年邀请十多位科技商业、投资金融界精英人士作为导师，为有潜力的创业家进行一对一、长达两年的免费指导与互动交流，目前已设立种子基金，部分收益将继续用于免费的创业辅导活动。清华大学与清华科技园共同推出的"创业行"，按照"创业培训＋早期投资"的方式，将专业投资机构和培训机构的优势结合起来，为青年人才、大学生创业提供创业培训、创业辅导、早期投资等服务。

（6）以"线上媒体＋线下活动"为特征的融资对接模式。创业媒体搭建项目展示推广、交流对接等平台，发掘、筛选、推广优秀创业项目。36氪采用"网络媒体＋线下活动"的方式，帮助创业企业推广产品、提供投融资对接与交流。创业邦采取"媒体＋创业大赛＋创业家俱乐部＋基金"的方式，发挥创业导师优势，发掘优秀创业项目。创业家以"媒体＋创业大赛＋基金"的方式，定期举办"黑马大赛"、创业沙龙、项目展示等活动。常青藤创业园面向高端人才初创企业，提供创业一对一指导、并购导师等服务，与62家创业投资机构、天使投资人建立了紧密的合作联系，吸引11位"千人计划""海聚工程""高聚工程"等高端人才创办的企业，入驻企业获投资额超过8000万元。

（7）以"传统地产＋创业服务"为特征的联合办公空间模式。这种模式越来越受转型中的房地产企业的关注，于是有房地产企业搭建平台做运营商，盘活自己的存量资源或者租赁市面上的存量资源为创业者提供联合办公空间。SOHO3Q项目，主打"办公室在线短租"。万科集团原副总裁毛大庆离职创办"优客工场"，短短一个月在北京"圈地"逾5万m²。花样年准备另辟一个平台公司"美易家"，盘活旅游地产物业存量，现在城镇已经形成了5000多万套空置房屋。绿地、亿达等知名房地产企业开始嫁接"互联网＋"因子，试图打造中国版联合办公租赁空间运营商。上实集团旗下上实发展，牵手美国柯罗尼资本成立"上海帷迦科技有限公司"，通过对存量物业的二次开发，采取创新与创业、线上与线下、孵化与投资相结合的方式，为创业者提供全方位创业服务的众创空间及生态体系。翌成创意资产运营管理（上海）股份有限公司通过每平方米200～3000元的改造成本，将市中心一些地段较好的商办项目改造成创意办公空间，仅2014年就实现了1000万元的净利润。

（8）以"创业教育＋联合孵化"为特征的高端系统孵化模式。新华都商学院和新成立的中国科学院大学相继开设了创新创业MBA硕士学位教育，全新探索更加系统化的创新创业人才培养孵化模式。新华都商学院不仅聘请来了诺贝尔奖得主埃德蒙·费尔普斯（Edmund S. Phelps）领衔的高端创业导师，而且设立了 2000 万元的专项创业基金扶持 MBA 学员创业，并且用商业路演作为创业学员的入学面试方法，优秀项目学员不仅获得预录取资格还可以直接获得 10 万～20 万元的公益创业基金。中国科学院大学更是聚集了 300 多名院士科技力量，以风险投资之父成思危领衔的本院师资力量和以海尔集团董事长张瑞敏领衔的创业导师力量为主，率先发起成立了中国科学院大学创新创业孵化联盟、创新创业与风险投资协会等组织，联合一线创投基金和孵化器共同为学员服务，仅开设两届，已经成功孵化出创业项目 60 多个，仅在 TMT 领域便诞生了 36 氪、威客网、魔屏动漫爱投资、星天际网络、账房管家等系列代表项目。

总之，各种众创空间作为支持创业创新的聚集空间，为创业者提供了专业化、个性化的创业服务，有效推动着科技创业热潮，形成"大众创业、万众创新"的创新氛围，引领中国创新创业迈向新的时代。

5.2　众创空间用户与功能需求分析

5.2.1　众创空间使用群体分析

使用者的需求决定着空间环境的功能需求与功能划分，众创空间实际上是为创业者提供创业平台和服务内容的空间。企鹅智酷是腾讯科技旗下互联网产业趋势研究、案例与数据分析专业机构。《企鹅智酷》栏目在收集并分析了来自全国 20 个省（自治区、直辖市）的 57375 个调查样本后，推出了《中国细分人群创业潜力调查》，并统计了关于创业群体及行业方向选择的现象，如图 5.3 所示。

在已经创业的网友中，21～30 岁的年轻人占比达到 48.2%，位列第一，而 31～40 岁人群排名第二位。令人惊讶的对比是，20 岁以下年轻人创业所占比例仅为 2.9%。而 41～50 岁的中年群体，占比却达到 12.2%。这样的比例趋势同样出现在"尚未创业，偶有冲动"的人群中。在关于潜在创业细分统计里，21～30 岁人群依然排名第一位，占比高达 57.1%。31 岁以上的各年龄段人群，在创业潜力上有所"缩水"，但依然保持了"队形"。20 岁以下年轻人在这组数据中的占比提升到了 7.7%。

可见，青年人和中年人是创业的主力军。在全样本分析中，21～30 岁人群呈现出的创业潜力更大，对于 41～50 岁的人群来说，他们的社会资源更丰富，职场发展可能也更容易遭遇"天花板"——在双重力量的驱动下，他们走

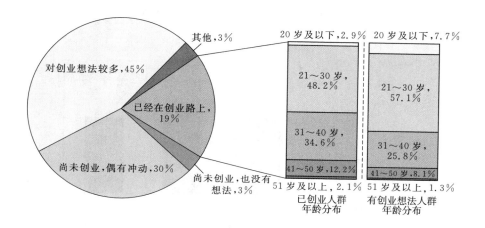

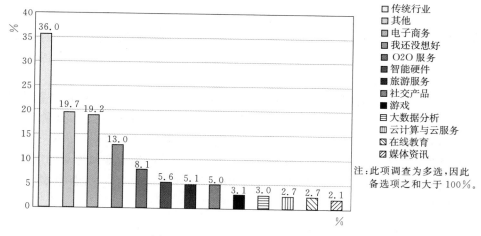

图 5.3 关于创业人群的调查结果

（资料来源：企鹅智酷调查）

上创业之路的可能性同样较高。

关于不同区域人群潜在创业可能性的调查结果如图 5.4 所示，选择到传统行业中创业的人群占比高达 36%，位列第一名。电子商务、O2O 服务和智能硬件，在所有明确选项中排名二到四位。可见互联网思维引导下的服务性行业是当前创业的主流方向。

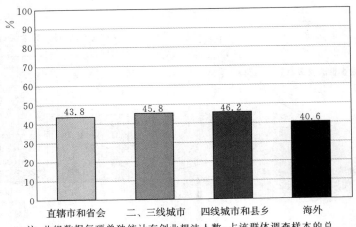

中国不同区域人群的潜在创业可能性
（调查样本：43604 人）

注：此组数据每项单独统计有创业想法人数，占该群体调查样本的总
　　量比例，并已排除其他选项。
图 5.4　关于行业选择的调查结果
（资料来源：企鹅智酷调查）

　　伴随着新技术的发展和市场环境的开放，创新创业由精英走向大众，出现了以大学生等 90 后年轻创业者、大企业高管及连续创业者、科技人员创业者、留学归国创业者为代表的创业"新四军"，越来越多的草根群体投身创业，创新创业成为一种价值导向、生活方式和时代气息。

　　全国政协、共青团中央于 2015 年 1 月对浙江等省市的青年创业进行了调研。调研结果显示，青年创业最容易遇到的问题包括如下 4 个：一是融资难，二是创业团队缺少经验，三是跟市场的对接问题，四是场地等问题。对于捉襟见肘的创业团队来说，办公场地可能是一个最现实的问题，如何为众创空间的创业团队设计出高效、人性化而又可以激励其创业热情的室内空间环境是本书研究的核心内容。

5.2.2　众创空间功能需求分析

　　众创空间是创业者们日常工作和业务开展的主要场所，每天少则 8 小时多则 20 余小时在众创空间室内环境中，并且需要长期长时间对着电脑工作，办公环境的重要性同家居环境几乎同等重要，甚至更重要。因此，众创办公空间室内环境的设计直接关系到新创企业员工的身体健康、心理健康及办公效率和创造潜力的发挥。不良的室内环境设计会导致工作人员出现如胸闷、恶心、烦躁等各种不适反应，不仅有害于员工的身心健康，使其长期处于亚健康状态，同时也是高效办公和创造力的强大阻力。众创空间室内环境设计的宗旨是给创业者们提供一个良好的工作条件进而提高工作效率、热情及团队归属感，全面地分析研究众创空间的功能需求是室内环境设计的根本所在。

首先，作为一个公共场所，要满足工作人员对光环境、声环境、空气环境、安全防护等方面的基本功能需求，创造一个健康生态的室内空间环境；其次，工作中更加强调高效率、高质量，因此，众创空间室内环境的设计应简洁、明快，避免繁冗的装饰；最后，创业过程是个艰辛的历程，合理地设置休闲区、茶水间、按摩间、健身房、医务室、游戏室等人性化的功能空间，将生活化元素和休闲元素融入众创空间室内设计，可以营造一个舒适、愉悦、正能量的室内环境，从而提高工作人员的创作热情并获得文化归属感。

5.2.2.1 空间基本功能需求

（1）光环境需求。众创空间室内环境要求室内光环境既要满足长时间观看功能的需求，同时也要保证空间光环境的舒适性与装饰性。

1）功能性需求。电脑屏幕和桌面等作业面容易形成反光或由于正对光线而产生眩光，容易对人的眼睛造成损伤。因此室内光环境设计不仅要保证桌面作业面的照度，防止光源映入电脑显示屏的表面产生眩光，而且还要保证公共区域的照度，让人们可以看清楚对方的颜面，在交流沟通过程中保持愉悦的心情。因此，工作区、走廊、楼梯等区域的照明以一般照明为主，在被照面上面形成较均匀的照度。

2）装饰美化性需求。为了营造一个舒适、愉悦、正能量的室内环境，从而提高工作人员的创作热情并获得文化归属感，众创空间室内光环境设计应根据空间结构、建筑风格、环境的差异等，选择合理的灯具进行配饰和装饰设计；利用光色的丰富性和协调性，通过光照亮度变化、光与影的分布来美化环境，使整个空间具有丰富的空间层次和特定的意境。例如，在休闲区域、会议室、前厅等空间根据需要运用人工照明的虚实、动静以及控制透光范围和角度等手段，渲染空间的氛围，强调空间的趣味性，明确空间导向性。

（2）声环境需求。世界卫生组织综合近年的研究成果认为，噪声对人体的负面影响包括听力损伤、交流和认知障碍、睡眠干扰、心血管生理异常以及情绪恶化等。一般情况下，人在40dB左右的声音下，可以保持正常的反应和注意力。若长期在50dB以上的环境里工作，就会导致情绪烦躁、听力下降，甚至会损坏中枢神经，导致神经衰弱。很多人在办公空间内会突然感到非常不舒服，烦躁气闷，无法集中注意力工作，严重影响工作效率和身心健康。通常遇到类似情形，多数人都会认为是疲倦所致，然而实际上是由噪声危害导致的。办公室内表面上看起来很安静，实际上却隐藏着很严重的低音量噪声，比如各种办公设备运转的声音、键盘打字的声音、空调机工作运转的声音、电话铃音、马路噪声等等。为了创造良好的室内声环境，众创空间的室内环境在进行平面设计时，要进行合理的功能区划分及布局。在结构改造过程中，应选择隔声性能良好且符合建筑隔声设计规范的材料。在室内设计的时候，还需要对顶棚、地面、墙面、隔板等界面进行合理的吸声和消声设计。

（3）空气环境需求。通常，人们认为室内空气要好于室外，其实不然，办公空间的室内空气并不好，空气污染程度总体要比室外高很多，个别有害物质甚至数倍于室外。根据权威部门测试，办公室内某些有害物质有时会数倍于国家允许的上限值。现代的密闭式办公空间，虽然利于空调供暖要求，但新鲜空气得不到及时的补充，导致内部通风环境很差。另外，如打印机等各种办公设备和室内的建材会释放出有害气体，人从外面进入办公室还会带入灰尘和细菌等等，再加上空调本身很容易变脏，而又很少做定期清理，因此很容易积聚病菌，这样在办公室里疾病就更容易传播。一个成年人每天大约要消耗 $10m^3$ 新鲜空气来满足正常的生理需求，所以良好的室内空气环境显得尤为重要。众创空间室内设计过程中要重视通风和新风系统的设计，同时还需要合理地利用植物景观和水体景观来改善室内空气环境，提高室内环境的舒适性。

（4）安全防护需求。众创空间室内环境设计中安全防护需求主要体现在消防系统、防盗报警系统、摄像监控系统、门禁系统等方面。室内装修消防设计主要内容有疏散出口、疏散距离、防火隔墙、应急照明、安全指示灯、灭火器配置、室内消火栓系统、喷淋系统、自动报警系统和防排烟系统等。设计时应根据使用性质和原有设施，按照消防有关设计规范来进行。现今，红外线、摄像监控技术、防盗报警系统、闭路电视监控系统、一卡通系统（出入口管理、停车管理、巡更管理、考勤）等技术日益成熟，智能化设备已经成为保证空间环境安全防护需求的重要手段。

5.2.2.2　空间心理环境需求

众创空间的室内环境营造强调以人为本，在满足空间基本功能需求之外，还应该关注与人们呈隐性相关的心理环境因素，重点满足人们的心理需求。办公空间作为人群长期共同工作、交流的场所，人的心理、行为因素受到办公空间的形式、尺度、动线流向等方方面面的影响。

（1）领域感与人际距离。在办公空间中，人们最常见的两种行为状态是工作与交流。不同的行为状态要求相应的生活和心理环境范围，由此产生了领域感和人际距离。领域感是个人为满足某种心理和功能需要而占有的一个特定"个人空间"范围，并对其加以人格化和防卫的行为模式。在开放式办公空间中，员工们在开敞的空间中一起工作，这时个人空间的范围无形中变成了一个

"虚体边界"，由此获得个人领域感的最小范围；更大范围的领域感则是通过室内空间界面的装修形成实体边界而实现的，办公空间中常以虚实墙体、隔断、办公家具和绿化陈设来实现丰富的空间。

人际距离感是个人空间领域自我保护的尺度界定，相较于领域感，人际距离感更加关注个人空间的边界，强调人与人之间形成的间距。人与人之间的间距主要可以分为密切距离、个人距离、社会距离和公众距离等4种。因此，众创空间设计在空间划分时应考虑在不同行为状态下，满足适当人际距离所需的空间尺度。

（2）私密性与尽端趋向。私密性需求在心理学上被定义为个人或人群可调整自己的交往空间，可控制自身与他人的关系，即个人有选择独处与共处的自由。空间多种多样，才能使办公形态呈现出灵活多变、丰富多彩的局面，从而满足人们对私密性及公共参与的需求。另外，在众创开放办公空间的布局安排上，应该注意"尽端趋向"的心理需求，尽量把工作区域设置在整体空间的尽端区域，即空间的边、角或末端部位。因此，众创空间设计应该满足私密空间与公共空间的有效过渡或柔性接触，提供更多可供选择且满足不同程度心理需求的功能空间。

（3）空间的归属感。对于工作在同一个开放空间的人们来说，过于空旷和开放的工作环境会产生孤独和空疏的感觉，同时也不便于管理、交流和团队建设。人们通常会借助空间中的依托物来增强归属感和安全感。处于众创空间创业、工作的人需要在办公空间寻找归属感。入驻众创空间的初创团队在团队合作、寻求灵感、交流讨论等方方面面都对空间归属感有强烈的需求。塑造一个惬意的环境使人们能够更轻松地激荡出灵感、创意，从而缓解工作中的压力，提高工作效率，提升创造力。

5.2.2.3 众创空间特有功能需求

众创空间一方面强调增强组织、协调、服务、文化等方面的"软实力"，不断提升服务创新创业活动的综合能力；另一方面也为创业者提供完备的设施、舒适积极的创业场地等方面的"硬实力"。作为一个全要素的众创空间，在室内空间环境方面应该满足以下3个方面的特色功能需求：

（1）在尽量小的成本限制下，实现空间的最大化利用，提升使用者的工作舒适度，提高办公效率。尽可能地模糊管理者和普通员工的界限，同时由于在创业团队中，需要进行大量的沟通与交流，所以整体空间应采用开放式的布局形式，这样不仅节省了门和通道的位置，很大程度上节省了空间，而且装修、供电、信息线路、空调等方面的成本也会大幅降低。同时搭配设置的休闲区、茶水间等人性化的具有一定私密性的功能空间，将生活化元素和休闲元素融入众创空间室内设计，营造一个适合年轻人工作、生活的小环境。

（2）众创空间对于入驻的创业团队来说是一个阶段性的办公场所，随着创业项目的不断跟进、完善，创业团队将会得到进一步发展扩大，初创过程完成后，该团队就需要进一步发展企业，要求更大的工作场地，从而离开众创空间。从某种角度来看，众创空间也是一所特殊的学校，入驻企业和众创空间的创业团队是流动的，同时对每个成功走出众创空间的创业团队来说，众创空间是他们共同的摇篮。这种使用者不断流动轮换的特点，就要求众创空间的室内环境、布局能够灵活满足不同创业团队不同个人的个性化、多样性和差异化的需求。

（3）创新创业是一个艰苦的过程，也是一段孤独求索、灵魂砥砺的经历，需要更多的理解、交流、支持以及资源支撑。众创空间具有一定的社会协作能力，能够将一群年龄相仿、目标相近、志趣相投的创新创业者凝聚在一起。因此，众创空间的室内环境应该为创业者们提供一个能够相互切磋、相互启发、相互鼓励的"社区式"的创新创业环境，营造一个温馨、积极、充满正能量的创业氛围。

5.3　众创空间功能模式与系统

5.3.1　众创空间功能模式

众创空间并不是传统意义上的某一种建筑类型，而是科技部经过调研总结后，对各地为创业者提供新型创业服务平台的总称。因此众创空间是存在多种表现形式的一类空间形态。根据投中研究院调研，从业务模式和形态角度出发，目前我国的众创空间主要有 7 种功能模式，如表 5.1 所示。

表 5.1　　　　　　　　　众创空间功能模式及特点

功能模式	服 务 特 色	案 例
活动聚合型	提供办公场地、设备资源、产业链管理服务。以活动交流为主，定期举办项目发布、展示、路演等创业活动	北京创客空间、上海新车间、深圳柴火空间、杭州洋葱胶囊
培训辅导型	利用大学教育资源和校友资源，以理论结合实际的培训体系为依托，是大学创新创业实践平台	清华 x - lab、北大创业孵化营、亚杰会
媒体驱动型	利用媒体宣传的优势为企业提供线上、线下相结合，包括宣传、信息、投资等各种资源在内的综合性创业服务	36 氪、创业家、腾讯众创空间

功能模式	服 务 特 色	案 例
投资驱动型	以资本为核心和纽带，聚集天使投资人、投资机构，依托其平台吸引汇集优质创业项目，为创业企业提供融资服务、创业辅导，从而提升创业成功率	车库咖啡、创新工场、天使汇
地产思维型	由地产商开发的联合办公空间	SOHO 3Q、优客工场
产业链服务型	产业链服务为主，包括产品打磨、产业链上、下游机构的合作交流、成立基金等	创客总部、3W咖啡
综合创业生态体系型	提供综合型的创业生态体系，包括金融、培训辅导、招聘、运营、政策申请、法律顾问乃至住宿等一系列服务	创业公社、东方嘉诚、科技寺、虫洞之家、极地国际创新中心

5.3.2　众创空间功能系统

根据对众创空间使用群体和功能需求的分析，可以看出不同类型的众创空间拥有的资源与能力各不相同，选择的切入点也不一样，因此，对室内空间功能需求也不尽相同、各有侧重。虽然各个众创空间地域环境、交通情况、建筑形式、面积大小、运营类型等因素不同，但是各个众创空间的使用者是相同的，对空间的功能性需求具有相似性。即使客观条件参差不齐，针对每个特定的众创空间来说，并不需要每个功能都满足，只需要将适合该众创空间的功能区域合理并且有侧重地重组，就能最终完成整个众创室内空间的设计。

经过综合分析，众创空间具有以下5个具体的室内功能系统：办公功能系统、洽谈休闲功能系统、交通功能系统、服务设备系统和视觉导向系统，如图5.5所示。

5.3.2.1　办公功能系统

办公功能系统是整个众创空间室内功能系统的基础部分，也是创业团队不断创新、实现梦想的主阵地。员工日常工作行为包括个人独立工作、与外部客户的面对面或电话洽谈会议、小组讨论、各类总结及项目会议以及求职者面试等。为了满足这些不同方式的功能需求，办公功能系统可以分为办公区、会议区和大讲堂区。

（1）办公区。办公区是众创空间的核心功能区域，也是员工们一天工作中所处时间最长的功能空间。办公区最基本的要求是布局形式合理，便于团队之间沟通协作。众创空间的办公区应该采用如图5.6所示的开放式平面布局方式，即办公人员在一个统一的开放空间内办公，空间内部没有实墙分割，办公空间同其他功能空间同属一个大的室内空间，空间多选用具有可移动可拆卸特点的书柜、植物隔断等

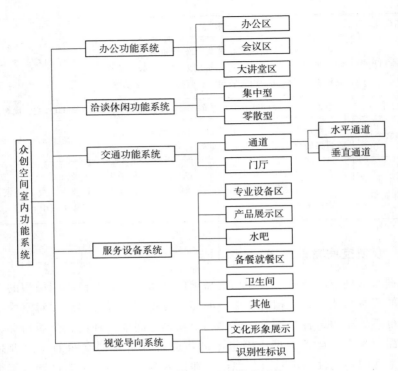

图 5.5　众创空间室内功能系统

软性分隔方式来分割，其内部仍是统一整体，如图 5.7 所示。开放式办公区强调人与人之间复杂的交往以及所有其他办公因素的相对集中；能够实现空间的最大化利用，从而在有限的空间里容纳更多的创业团队；易于综合配置各种设施，极大地方便信息传递、业务间联系和集中管理。既可以满足员工之间进行团队式的合作办公，又可以满足员工个人独立办公空间的需求。

图 5.6　开放式办公区

图 5.7　开放式办公区中的软分隔

　　众创空间的使用群体多为青年创业者,对办公的舒适性、健康性、个性化要求较高。创业者们选择创业并不只是单纯地为了谋生而工作,他们更多的是享受于自己的工作生活,因此,众创空间的办公区可以通过选择多种办公模式结合的方式来提高办公效率以及办公体验的舒适性。当然普通模式办公依然是办公区的主体部分,适当地搭配着站立办公(图5.8)和公共空间高座位办公(图5.9)等非正式办公模式,可以缓解因长时间在普通办公模式下产生的生理和心理上的疲劳感,从而激发创业团队的灵感,提高工作效率。

图5.8　普通办公与站立办公结合　　　　　图5.9　公共空间高座位办公

　　(2)会议区。众创空间中入驻的创业公司多处于初创阶段,每天都会遇到各种挑战与新的问题。由于初创企业每个团队的人数相对较少,每天需要进行大量的问题讨论,因此表现出对会议功能空间的强烈需求。会议区可以为办公活动提供更加隐私、舒适的交流,同时也是接待客户和投资人的主要场地,是展示公司整体品质的重要媒介。众创空间在进行室内环境设计过程中应该设置足量的能够容纳不同人数的会议室空间。同时会议室还可以承担培训、会客和一般团队建设活动的功能,如图5.10所示。此外,在会议室空间设计中,应该更关注如何通过多样化的形式与软装饰来激发团队在会议中的积极性与创造力,提高会议效率。

图5.10　多样化的会议室空间

网络会议又称远程协同办公，是适应互联网经济发展的新兴办公模式，它可以利用互联网实现不同地点多个用户的数据传输、交流和共享。网络会议系统是一个以网络为媒介的多媒体会议平台，使用者可突破时间地域的限制，通过互联网实现面对面般的交流效果，如图 5.11 所示。众创空间中入驻的创业团队有一大部分都是从事互联网及相关产业业务的企业，对于处于快节奏运行模式的他们来说，网络会议是一种可以极大提高效率的工作手段，因此，众创空间办公环境设计过程中可以考虑设置能够进行网络视频会议的会议室。

图 5.11　网络视频会议室

（3）大讲堂区。众创空间具有一定的社会协作能力，能够将一群年龄相仿、目标相近、志向相投的创新创业者凝聚在一起，营造相互切磋、相互启发、相互鼓励的"社区式"创新创业氛围。同时众创空间能够在更大范围内组织调配资源，以举办讲座、沙龙、产品与项目展示、特色活动等方式进行投资路演、创业培训和创业交流，这就需要一个能够容纳大量创业爱好者的类似学校教室的功能空间——大讲堂区，如图 5.12 所示。同时这个空间也是一个进行集体娱乐、休闲的绝佳场地。根据建筑环境的特点，某些众创空间挑高的前厅可以通过设计兼具大讲堂区的功能。

5.3.2.2　洽谈休闲功能系统

通常情况下，人连续工作 2h 以上，工作效率就会有所下降，这时进行有效的休息是十分必要的。因此，灵活的洽谈休闲功能区在众创空间室内环境设计中是十分必要的。洽谈休闲区的作用在于：一是可以满足团队内两三个人临时讨论交流的需求；二是可以让员工不期而遇地相互碰面，有益于加强彼此之

图 5.12　大讲堂区

间的交流，又避免了在工作环境中聊天、打电话等现象所产生的噪声污染；三是可以作为有外来访客时的接待洽谈区域；四是集中或零散的休闲区可以成为员工们放松身心、激发创作灵感的绝佳区域。

在休闲洽谈功能系统中进行的活动主要有休憩、停留及观望、社交及娱乐活动、自由研讨、信息交流、独处 6 种，这些行为活动会使众创空间中的工作气氛变得轻松、活泼，深层次解放员工的压抑感，使员工心情得到放松。人们在随意交谈的过程中往往更容易交流信息和发表自己的观点，很多工作中的成功经验和有价值的信息就是在平时的交谈中得到的。同时，交谈是一个广结好友的过程，也是一种增加同事间感情的良方。此外，独处时的安静环境有利于激发个人的创造力与想象力，在思维的海洋中天马行空往往会有意想不到的灵感来源，它还有助于人在情感低潮时恢复、调节自己的状态。这样的独处空间往往是一个小尺度的空间设施，通过某些结构遮蔽隐藏构成，或是通过顶层的小空间营造出来。

洽谈休闲功能系统根据不同形式可以分为集中型洽谈休闲区和零散型洽谈休闲区两种。集中型洽谈休闲区是集合了半私密思考空间、水吧、零食售卖机、健身设备、游戏设备、休闲桌椅组合、休闲沙发、软体休闲家具等各种功能、设备，形式多样的功能空间，如图 5.13 所示。集中型洽谈休闲区同时也可以作为弹性的多功能会议室，当团队所有人围坐在一起讨论、交流时，该区域便是一个绝佳的会议区。集中型洽谈休闲区一般具有充足的阳光、丰富的绿化，多采用自然光或柔和的人工光源，设计新颖活跃，既能使员工在工作之余身心得到放松，又可以有效地改善办公环境小气候，提高空气质量。

图 5.13　集中型洽谈休闲功能区

　　零散型洽谈休闲功能区是指在办公空间内分散设置的休闲、洽谈区域，用于给员工提供缓解办公疲劳、临时小憩的空间，如图 5.14 所示。因此，零散型洽谈休闲区的规模、位置、形态要灵活，既要避免干扰其他员工工作，又要距离近，便于使用，从而临时缓解员工压力，放松心神，增添工作乐趣。

图 5.14　零散型洽谈休闲功能区

5.3.2.3　交通功能系统

　　众创空间内的交通功能系统是指联系整体空间内各个功能区域的过渡和节点空间，主要包括门厅和通道两大部分，其中通道根据方向性又分为水平通道空间和垂直通道空间两类。

　　（1）门厅。门厅是整个众创空间中的交通枢纽，起着接待、分流、过渡等功能的重要作用。同时，门厅是给客人第一印象的空间部分，同时也是最直接展示众创空间设计主题、文化形象和创业理念及特征的场所。北京创新工场的前厅，采用了流线的造型，体现了其孵化创新团队的主题意向，也象征了创新工场的包容，如图 5.15 所示。由此可见，众创空间门厅的设计应内外兼顾、室内空间与外部体量并举，同时需要考虑到门厅的社会交往性和空间引导性。此外，门厅是员工开始一天工作时最先接触的场所，也是结束一天工作后最后离开的场所，同时也是增进员工交往的一个重要场所，因此，门厅的设计在满足接待、等候、问询等功能的基础上，还应该利用造型、灯光、色彩等设计手段，营造出具有活力、温馨的氛围，激励员工的奋斗热情，缓解员工工作的压力，安慰员工内心的辛劳。

图 5.15 体现空间设计主题的门厅

（2）通道。通道是交通功能系统的主体部分，通道一方面可以起到空间缓冲、渐进的作用，另一方面也是展示空间理念、创造叙述性空间特质的场所。好的通道设计往往可以成为空间设计中的亮点。此外，在通道区域内合理地设置一些舒适的休闲设施，可以用来满足员工间的非正式交流，增加工作的自由度，从而使整个空间环境变得更加灵活。

1）水平通道。水平通道构成了众创空间交通结构的基本骨架，是不同性质空间之间的过渡、转换空间。同时，通道的立面墙面也应该有效利用起来，用于众创空间入驻企业展示、团队生活展示、众创空间文化理念展示等，以营造充满活力的、温馨的社区性空间氛围，如图 5.16 所示。合理的水平通道布局可以很好地组织交通，帮助人流的集散。相对于垂直通道空间来说，水平通道的布置方式较为自由，受结构、建筑造型等制约性因素的影响较小，并且可以根据各层空间的使用方式选择和调整其通道组织模式。

图 5.16　水平通道展示空间

2）垂直通道。垂直通道空间联系着不同高度的楼层面，控制着竖向运动的路线，形成竖向空间的连续性。同时，垂直通道空间也是重要的景观要素，为不同楼层的空间提供了视觉上的联系，达成竖向的沟通和连续，从而赋予空间以动感。垂直通道空间具有非常强的导向性，垂直通道主要包括楼梯、电梯等空间以及它们之间的联系空间。垂直通道空间在内部空间体系中根据其空间视觉特征可以分为封闭式和通透式两种。封闭式是指通道空间界面较为闭塞，视觉通透性差，不与其他功能空间相融或相交，功能上主要以交通运输为主，平面上多与设备用房、服务用房等结合布置；通透式是指垂直通道空间与建筑内部空间体系中的其他公共性空间，如共享空间、工作空间等，通过采用透明介质或者无介质完全敞开的方式，互相融合、渗透。此时，垂直通道空间除了具有交通意义外，还被赋予了装饰、交互的涵义，有利于增进员工间的交流活动。上海的创新工场，通过壮观的楼梯连接各个楼层，以此增加不同楼层间的空间联系。红色曲折的楼梯不仅为整体白色的空间增添了活力，也是创新工场不断进取的创业精神的映射，让人印象深刻，如图5.17 所示。

5.3.2.4　服务设备系统

服务设备系统主要是指众创空间中为了满足员工正常工作、生活所应具备的公共区域、设备等一系列的基本设施。服务设备系统主要包括产品制作专业设备、产品展示区、打印区、水吧区、备餐就餐区、卫生间等。这个功能系统空间设计的要点在于要有良好的动线，能够满足众创空间内各个团队方便使用的功能需求。

服务设备功能区是员工高效工作的基础与后盾，与员工工作生活息息相

图 5.17　通透式垂直通道空间

关。这个功能区域的布局与配置可根据各众创空间的具体空间环境条件及功能需求进行具体分析和个性化设计。不合理的设计会严重影响员工的心情、工作效率以及办公生活体验。

众创空间可以提供制作产品的专业设备和工作台，包括一些价格比较高的大型仪器，鼓励成员间进行资源、知识、技能合作，互帮互助，最终把想法变为现实。一般打印区安装了服务公共使用的打印机、扫描仪等办公必备设备；水吧区则具备饮水机、零食柜、医药箱等生活必备物品；备餐就餐区则包括众创空间内员工订餐、分餐、就餐所需的家具及其设备；卫生间则为空间中必不可缺的部分。在卫生间空间设计中，如果前期考虑不周，便会造成后期使用中的各种弊端，如卫生间男女蹲位比例不当；卫生间距工作区很远，员工需走很长的路才能到达，而造成对正在工作人员的噪声干扰；卫生间设在办公区附近造成对工作环境的异味影响；没有考虑清洁房的设置，因无处存放用具而造成不美观现象等问题。因此，在空间规划时应根据员工人数计算男女蹲位的比例和卫生间的使用面积，从全局出发规划卫生间的位置，一般将卫生间设在交通枢纽处或沿建筑四周布置以易于人们识别，同时又方便人员到达和使用。

5.3.2.5　视觉导向系统

创新创业是一个艰苦的过程，也是一段孤独求索、砥砺灵魂的经历，一个充满活力与希望的空间氛围，可以在不知不觉中激励创业者们的斗志，这就是众创空间中视觉导向系统的功能性作用。众创空间的视觉导向系统与其他功能系统不同，它并没有具体特定的功能区域，但又以各种形式、无所不在地存在于空间中的每一个角落。众创空间内的视觉导向系统根据装饰内容及性质可以分为两类：文化形象展示功能系统和视觉识别功能系统。

文化形象展示功能系统可以通过展示企业发展历程、展示团队发展状况、展示员工 DIY 作品等各种形式来构建，从而激励处于困境中的员工，提高团队凝聚力，如图 5.18 所示，即为创新工场的员工亲自动手装饰工场的场面。

图 5.18　文化形象展示功能系统

视觉识别功能系统即为导视众创空间中功能区域、公共设施、入驻团队位置的识别系统。趣味性的视觉识别功能系统可以提高人与众创空间之间的交互体验，如图 5.19 所示。

5.3.3　众创空间功能类型

各个众创空间功能定位与拥有的资源各不相同，从功能需求的角度看，根据众创空间侧重的功能系统情况可以将众创空间分为以下 4 种类型：

第一类是侧重办公功能系统的众创空间。这类众创空间主要提供办公场地、一系列支持性综合服务等，包括联合办公、孵化器、加速器等模式。

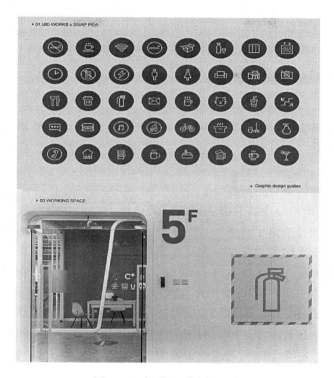

图 5.19 视觉识别功能系统

第二类是侧重洽谈休闲系统的众创空间。这类众创空间主要提供人才交流、技术分享、市场拓展和项目对接等服务，如 3W 咖啡、车库咖啡等创业咖啡。

第三类是侧重服务设备系统的众创空间。这类众创空间主要提供专业的机器、设备，包括电子设备、机械设备和手工艺品等；同时提供技术、资源、信息共享与交流的平台，如各个类型的创客空间。

第四类是各个功能系统都涵盖的一体式众创空间。这类众创空间可以提供硬件制造、办公租赁、项目融资和产品孵化等从制作到销售再到资本运作的全方位一体式服务。

5.4 众创空间室内环境设计案例

目前，众创空间各个模式在国内外都有一定的发展，在美国等发达的西方国家发展已经比较成熟。近年来，众创空间在我国、韩国、日本等国家也掀起了创客潮。本节将对国内外一些具体案例的空间室内环境设计进行分析，针对其特殊使用群体与功能需求，从不同的方面入手进行不同的设计诠释，从而为下一节总结众创空间室内环境设计原则与手法打下基础。

5.4.1 国外众创空间案例

5.4.1.1 美国 TechShop 创客空间

作为美国最大的连锁创客空间，TechShop 目前已在美国 7 个城市开设分店，并正计划拓展到其他主要城市。任何一个创客或者手工爱好者只要成为 TechShop 会员，就可以获得各种软硬件资源的使用权，TechShop 是典型的侧重服务设备系统的众创空间。

TechShop 的旧金山店共有三层，空间整体的室内环境很简单、整洁，搭配蓝色的主色调营造出了清新、自然、舒适的氛围。门内是一间被单独隔出来的房间，设有前台以及作品展示区域，虽然可以看到 3D 打印机、各种模型以及创客活动的海报，但无法直接看到里面的创客们在干什么。绕过前台、穿过一条走廊，首先进入的是一层的车间，如图 5.20 所示。车间内有很多设备，但摆放得都很整齐，尽头蓝色的墙面给整个白色的空间增添了活力。三层是创客们集中活动、创作的中心地。空间的天棚为裸顶，使整个空间看上去更加开阔，从而保证了整个空间的通透性，如图 5.21 所示。办公区选用了木质家具，并在角落设置了一组休闲沙发，丰富了办公模式，增强了创客们的办公体验，如图 5.22 所示。创客空间里还设置了桌上足球、自动饮料机以及简易厨房，为创客们提供了一个在工作之余放松身心的空间。此外，空间中设置了一个可容纳 20 人的会议室，以供规模较大的团队开会，在整个空间设计上也是秉承了空间简单而不随意的风格，如图 5.23 所示。

图 5.20 TechShop 一层车间

图 5.21 TechShop 三层空间

图 5.22　TechShop 办公区

图 5.23　TechShop 会议室

5.4.1.2　奥地利 Metalab 创客空间

Metalab 创客空间成立于 2006 年，这个坐落在维也纳市政厅周边的创客空间为那些想要进行科技实验和社会创新的创客们提供了一个学习、交流和实践的场所。Metalab 是奥地利的第一个创客空间，是一个典型的侧重服务设备系统的众创空间，同时也是多家互联网创业公司的发源地。Metalab 空间整体面积并不大，但设备齐全，每个房间都有其独特的属性和用途，让每一位来到这里的创客都可以根据自己的需求，选择相应的房间和设备工作。Metalab 有 250 多名成员，他们中有 15 岁的青少年，也有 60 多岁的长者，这些创客都是因为兴趣爱好在业余时间聚集在这里，对于他们来说这样一个创客空间不仅提供了一些高端的实验设备，更重要的是为创意的交流和思想的碰撞提供了一个平台。

Metalab 的空间虽然小，但每个区域都得到了充分的利用。如图 5.24 所示，即为创客空间入口处的一个通道，通道两侧布满了工具与材料，不仅节省了空间，也形成了良好的装饰效果。

图 5.24　Metalab 水平通道

Metalab 创客空间的主要办公区采用了开敞式的布局形式，没有过重的装饰，但利用空间结构与关系设计出的色彩装饰又随处可见，如图 5.25 所示。

图 5.25　Metalab 办公区

5.4.1.3　韩国共享 180 创客空间

韩国的创客空间分为官办和民办两种类型，民办创客空间由韩国大企业财团出资运营。目前较为成熟且初具规模的有两家，位于韩国首尔的共享 180 就是其中之一，如图 5.26 所示。该创客空间的一层是创业者们、投资商与企业代表交流的场所，是一个侧重洽谈休闲系统与办公功能系统的众创空间案例，有私密性的小型会议空间，也有适合洽谈的休闲桌椅、吧台桌椅组合，空间构成很灵活，形式丰富。整体空间氛围现代、简约，同时又透露着些许的工业情怀。

图 5.26　共享 180 创客空间交流区

共享 180 创客空间的二到四层是半开放性的创业者专用办公空间，整体空间裸顶，视野更加开阔。定向刨花板与红砖装饰柱相互呼应，体现了现代科技与工业时代的交流与碰撞，整个空间和谐清新而井井有条，如图 5.27 所示。

图 5.27　共享 180 创客空间专用办公区

　　共享 180 创客空间设置了一些供创客们休闲、洽谈、非正式办公的区域。在通往工作区的通道过厅中设置了一组造型独特的沙发与茶几，搭配宣传共享 180 LOGO 的墙面，提升了创客们的工作生活体验，如图 5.28 所示。创客空间中还设置了简单的备餐、水吧等生活配套服务区域，为创客们的日常生活带来了很大的便利，如图 5.29 所示。此外，在靠近窗边、视线良好的区域，创客空间隔出了一个狭长的区域，舒适的卡座搭配着充满生机的绿植墙面，这个小小的空间便演变成了创客们思考问题、交流想法的重要场所，如图 5.30 所示。

图 5.28　共享 180 创客空间通道区

5.4.1.4　日本秋叶原创客空间

　　日本秋叶原创客空间是日本规模最大、设备最专业的创客空间之一，不但为用户提供硬件制造工作室，还综合了办公租赁、项目融资和产品孵化等功能，提供从制作到销售再到资本运作的全方位一体式服务。秋叶原创客空间位于东京秋叶原车站附近的一幢写字楼里，三层楼面的总面积达 3000m²，聚集

图 5.29　共享 180 创客空间生活服务区

图 5.30　共享 180 创客空间半开放工作区

了超过 400 名创客和手工爱好者。

　　秋叶原创客空间的车间入口具有浓郁的复古工业氛围：红色的金属设备门、黄色的装饰板、黑色的金属架与红色的砖墙交相呼应，车间内部设有很多先进的工具与设备，顶棚很高，设置了很多照明灯，无不展示着秋叶原的实力与气度，如图 5.31 所示。

　　秋叶原创客空间的办公区走廊两侧是一间间独立的小房间，每个小隔间里都入驻着一个独立的公司，人员规模一般为 4～6 人，如图 5.32 所示。

　　秋叶原众创空间中还设置了一个集中的休闲交流空间，如图 5.33 所示，在这里创客们可以与其他人互相讨论、交流。这个空间中选用了较多的木质家具，与黑色金属框连接的灯具相呼应，营造了自然、舒适的氛围。蓝色的墙壁上添加了激励性的标语装饰，使整个空间更具活力。

图 5.31 秋叶原创客空间的车间入口

图 5.32 秋叶原创客空间的办公区走廊

图 5.33 秋叶原众创空间的休闲交流区

5.4.2 国内众创空间案例

5.4.2.1 创新工场

　　创新工场由李开复博士创办于 2009 年 9 月，旨在帮助中国青年成功创业。作为国内一流的创业平台，创新工场不仅提供创业所需的资金，还针对早期创业所需的商业、技术、产品、市场、人力、法务、财务等提供一揽子创业服务，旨在帮助早期阶段的创业公司顺利启动和快速成长。经过几年的发展，创新工场已成为科技创业者的摇篮，不仅帮助创业者开创出了一批具有市场价值和商业潜力的产品，而且培育了众多创新人才和新一代高科技企业，这一理念也通过创新工场前厅的一个展示区诠释出来了，"这里孵化的不仅是项目"，如图 5.34 所示。

图 5.34 创新工场前厅理念展示

　　创新工场属于侧重办公功能系统的众创空间，其办公空间采用了开敞式的布局形式，天棚裸顶喷白色的漆，点缀着几条橙色带，使整个空间更加简洁、通透、灵动。虽然没有吊顶，但工作区上方设置着很多白色圆形装饰板，如图 5.35 所示，不仅与创新工场前厅的圆形装饰板相互呼应，而且使得顶面不再单调，同时象征着工厂里无限存在的希望。灯泡形彩色装饰挂件更是给无限白色的顶面带来了新鲜的活力，如图 5.36 所示。

　　创新工场的每个会议室都有着不同的主题、不同的主色调，以打破常规、各具风格的姿态激励、启发着进行会议的创业者们，提高与会者的热情与效率。如图 5.37 所示，即为会议室，草绿色的墙面上可以清晰地看到"异想天开、依次发言"等关键字，营造了良好的会议讨论氛围。墙面设置了玻璃白板，方便创业者们畅所欲言地讨论。如图 5.38 所示，即为会议室，绿色的墙面与形态各异的白色鸟儿给人带来了清新的活力。

图 5.35 创新工场工作区

图 5.36 创新工场顶面装饰

图 5.37 创新工场创意会议室（一）

图 5.38 创新工场创意会议室（二）

5.4.2.2 3W 咖啡

3W 是一家公司化运营的组织，其业务包含天使投资、俱乐部、企业公关、会议组织和咖啡厅，3W 咖啡是 3W 拥有的咖啡馆经营实体。3W 咖啡是国内最早、最成功的众筹创业咖啡馆，以 3W 咖啡为契机，搭建了中关村创业大街上最大的创新型孵化器——3W 孵化器，不仅解决了创业者的办公场地等硬件问题，同时衍生了除联合办公之外的 3W 其他创业者服务。3W 咖啡属于一体化的众创空间类型。

3W 咖啡北京旗舰店共有三层，如图 5.39 和图 5.40 所示，一层空间中大面积使用了木质装饰板与家具，搭配黑色的金属框架、轻工业风格的灯具，烘托出了雅致、自然、舒适的环境氛围。3W 咖啡厅内设置了多种形式的组合桌椅，丰富了人们的用户体验，如图 5.41 所示。走廊上空顶面的带状照明，使整个空间更加生动、绚丽，让人忍不住停下来多看几眼。

图 5.39　3W 咖啡一层前厅区

图 5.40　3W 咖啡一层体验区

　　3W 咖啡北京旗舰店的二层与一层前厅形成了一个挑空空间，如图 5.42 所示，二层除了不同形式组合的桌椅沙发区外，还有几间不同大小的会议室，可以容纳不同数量的团队讨论，其中有一个可以容纳百人的大讲堂，大大小小的创业培训、交流分享活动均可以在这里举行，如图 5.43 所示。3W 咖啡北京旗舰店的三层是创业者们奋斗的办公区域。

图 5.41　3W 咖啡一层局部效果

图 5.42　3W 咖啡二层局部效果

图 5.43　3W 咖啡大讲堂

5.4.2.3　柴火创客空间

2010 年，柴火创客空间正式成立。作为深圳第一家创客空间，它承载了一份执着，一份信念，当然也给在深圳的创客们带来了一个可以拧成一股绳的契机。柴火创客空间，犹如名字的由来：众人拾柴火焰高。因此一直以来，柴火创客空间的理念为创客们提供一个好的场所，让来自各界各有所长的人碰撞出更多的火花，并且加些催化剂，把这火花烧得更欢腾，让普通大众能够看到、能够感受、能够喜欢。

柴火创客空间属于典型的侧重服务设备系统的众创空间，其室内空间大致可以分为 4 个区域：一进门是展示创意产品的"造物吧"；走过"造物吧"的陈列柜是创造、工作坊区，也是整个空间的主体；再往里走是工具、零件区；它的上方架空层则是柴火创客的 VIP 会员区。柴火"造物吧"是充满亲和力的 DIY 爱好者俱乐部，针对的人群是普通大众，很多活动连小朋友也可以参加。柴火创客的 VIP 是技术能力较强的专业人士，他们会定期在这里做交流活动。

深圳柴火创客空间的面积较小，如图 5.44 和图 5.45 所示，工作区采用了连体式的办公桌，旁边多加一些座位、打开投影，这个空间又变成了一个可以容纳几十人的会议室。整个空间的家具多采用木质材料，木色搭配着清新的绿色，一股自然舒适的感觉扑面而来，鸟笼形的灯罩也烘托了空间的自然氛围。柴火众创空间的墙面随处可见，如图 5.46 和图 5.47 所示，即为 DIY 展示区域，通过展示会员们对行业的思考及实现的成果，增进会员们之间的交流，同时也烘托出了整个空间活跃、灵动、充满创造力的氛围。

图 5.44　柴火创客空间工作区（一）　　图 5.45　柴火创客空间工作区（二）

图 5.46　柴火创客空间 DIY 展示区一　　图 5.47　柴火创客空间 DIY 展示区二

5.4.2.4　Work8 众创空间

Work8 众创空间位于北京市朝阳区尚 8 国际广告园内，由老工厂改造而成，占地面积 320m²，是一个属于侧重办公功能系统类型的众创空间案例。Work8 众创空间的设计理念是用尽量少的成本为创业者打造一个众创空间之家。该众创空间在设计时减少了不合理或利用率低的空间，减少了设备不合理路线，减少了施工难度和复杂性，充分利用了老工厂遗留的废旧和闲置物品，通过灯光和色彩诠释了废旧物品的特质，如图 5.48 所示。在众创空间办公区中，木制和金属的碰撞，产生了独特的肌理，实木办公桌和落地灯成组摆放，将整个空间又分割成一块块的小区域，废旧的自行车被刷上红颜色的油漆，按照不同姿态悬挂在办公室的屋顶，红白相间的赛道与每辆自行车对应，创造了一个逆转灵动的空间，激励创业者在创业路上不断拼搏。

图 5.48　Work8 众创空间办公区

在园区外围，玻璃幕墙硕大的 Work8 的 LOGO 和激励的文字，通过特殊组合，实现了自然光照射下光影结合的特殊效果，成为园区的独特一景，如图5.49 所示。众创空间的入口处，设置了一面绿植墙，带来了朝气与活力的气息，随意摆放着的柜子与电视机，将人的记忆瞬间拉回了工业时代，渲染了众创空间中浓郁的复古工业氛围，如图 5.50 所示。同时通过地面的导视系统，使创业者们能够很轻松地找到众创空间中的任何一个功能空间，增强了人与空间之间的交互体验。

图 5.49　Work8 园区外景观

图 5.50　Work8 入口绿植墙

旧有的会议桌通过装置和 LED 灯光结合，配合墙面 work8 装饰，让枯燥的会议变得趣味起来，如图 5.51 所示。众创空间的吧台休息区的墙面也采用了卡通人物涂鸦装饰的手法，营造了一个轻松而活跃的氛围，同时也激励了创业者们的灵感与创作热情，如图 5.52 所示。

图 5.51　Work8 创意会议室

图 5.52　Work8 吧台休息区

5.4.2.5　北京创客空间

　　北京创客空间的前身是 Flamingo EDA 开放空间，成立于 2011 年 1 月。当时位于北京宣武门附近的一个小屋内，只有 20m² 左右。它每周举办工作坊，通过豆瓣等社交网站发出活动邀请。3D 打印机、多点触摸桌这些在外人眼里看着特别"神秘"的新兴技术产品，都能被这些 DIY 爱好者拆解并制作出样品。此后，北京创客空间在开源精神的指导下，尝试建立一个开源生态系统，让空间兼备了社区与孵化的双重功能。他们想让更多的人加入到更多的项目中去，并且使部分项目成果产品化，从而让科技真正改变人们的生活。

5.4.2.6　上海新车间

上海新车间成立于 2010 年 10 月，是向硬件高手、电子艺术家、设计师、DIY 爱好者和所有喜欢自己动手捣鼓各种东西的人提供的一个开放式社区，当然同样具有实验空间和基础设备。在这里，大家不仅可以和兴趣相投的人一起拆装各种电子和物理产品，而且可以共同实施一些好的设计和想法。新车间将工作空间提供给人们来实施自己脑海中的项目，举办包括电子、嵌入式系统、编程和机器人等不同主题的研讨会和培训班。此外，新车间还将成为一个融资和管理平台，支持人们实施自己的作品和项目。

5.4.2.7　杭州洋葱胶囊

杭州洋葱胶囊（Onion Capsule）成立于 2011 年 11 月，是国内首个由艺术院校建立的创客空间，由几位来自中国美术学院跨媒体艺术学院的学生创建。洋葱胶囊在保留它的开放性、创造性以及友好交流环境的同时，还希望将创客空间逐渐发展成一个作品的发布平台。工作坊的成熟作品，会定期被放到洋葱胶囊的网站上。这样的发布方式，需要参与者用创作艺术品的态度去工作，而不同于以往的项目跟踪式发布方式。

5.5　众创空间室内环境设计方法

众创空间的核心功能是把创业者聚集在一起，其室内环境设计主要包括 3 个要素：室内空间、装饰和家具。室内空间元素是室内环境设计的整体体现，是室内设计的灵魂，是一种全方位的感官体验，当人们走进一个房间，首先映入眼帘的是这个房间的内部秩序和空间形状、大小、风格及整体印象是否和谐舒适。室内空间主要由地面、墙面、顶面三大界面组成，界面的效果需要从装饰材料和空间造型共同体现。室内装饰是通过创造美的艺术表现手段，对室内进行修饰和打扮，使其能够满足人对空间的审美需求。家具是室内空间的主体元素，家具的尺度、造型、材质、色彩等各方面都能够影响整个室内空间的效果，关于家具元素会在下文具体介绍，此外不再赘述。在进行众创空间室内环境设计的过程中，应协调配合三者之间的关系，从而为创业者们打造一个舒适、和谐而又充满活力的室内环境。

一个众创空间的室内环境设计及装修完成的整个过程可以分为 4 个阶段。第一阶段是设计前阶段，在这个阶段要进行全面的调研及资料搜集工作，进行充分的分析与规划，明确众创空间中应该具备的所有功能需求，确定众创空间的设计主题；第二阶段是方案设计阶段，根据众创空间的功能需求进行方案设计，这个阶段要完成整个空间的平面布局设计、材料选用及三大界面造型设计、空间装饰设计、空间视觉导向设计、照明设计等，过程中通过与众创空间使用者沟通讨论可能会进行多次修改，使最终的方案不断完善；第三阶段是施工配合阶段，这个阶段要将整个众创空间的方案设计落实到施工图纸中，选择合适的工艺，进行有序施工；第四阶段是保洁验收阶段，整个众创空间施工基本完成后，需要进一步完成导视标识装饰、家具及陈设摆放等工作，待所有程序完成后进行最后的验收。

　　结合本章前面几节对众创空间用户与功能需求的研究基础及对国内外众创空间室内环境设计案例的分析，本节将重点关注众创空间方案设计阶段，从空间布局设计、材料选择与三大界面设计、装饰设计手法、视觉导向系统设计、照明设计 5 个方面系统性地介绍众创空间室内环境设计过程中可能涉及的具体方法。

5.5.1　空间布局设计

　　众创空间室内布局设计过程中，应该满足以下 3 个主要的设计原则：①通过合理的规划设计实现空间的最大化利用。②协调各个功能空间的关系，保证创业者们便利的工作生活体验。③强调促进人与人之间的交流，同时又要保证各区域不至于互相干扰。

5.5.1.1　整体规划与空间人流动线设计

　　经过分析设计前的调研及资料管理，首先需要明确众创空间中应该具备的所有功能需求，确定众创空间的设计主题；其次要根据功能需求选择众创空间中应该具备的功能区；最后结合空间的环境特点与建筑结构特点，同时协调各个功能区之间的关系及人流动线，完成对整个空间的整体规划，使整体空间形成一系列具有连贯性和连续性的构图，完整表达某种动感和节奏感；进而通过对比、相似、出人意料的手法给人以不同的心理感受，达到影响人对空间体验的目的。看似随意，却很有创意的空间组合，更能突出众创空间简单、高效、激情的创业理念。

　　空间的人流动线，通常有主次干道之分，最主要的要求是要符合人的行动路径，因为它是把各个空间联系在一起的纽带。空间的整体规划与人流动线的设计是相辅相成的，彼此都不能孤立开来，同时在设计的过程中要解决空间各区域之间不和谐的关系，动线也会随着空间关系的变化而进行调整和变化。

5.5.1.2　空间中各功能区域的相互关系

　　在进行众创空间室内环境设计的过程中，应该充分协调组成众创空间的四大系统功能区（办公系统功能区、洽谈休闲系统功能区、交通系统功能区、服务设备系统功能区）之间的关系。其中交通系统功能区主要包括前厅和通道，两者的位置、大小、布局受到原建筑及其他功能区相对位置的影响较大，相比于其他三个系统功能区属于附属型功能区域，应该最后确定。办公系统功能区是整个空间中的核心功能区，因此应该优先选择采光、通风等各种条件舒适度高的建筑位置，以提高员工的工作效率，如图5.53所示。洽谈休闲系统功能区的大小及布局应与办公区数量协调，同时要满足动静分离的原则，避免相互干扰、过多的走动、来回的穿插等问题。服务设备系统功能区应该按照人流方向、工作行为的规律，尽量使所有人能够便利、舒适地完成所有办公活动。综合协调各个功能区域相互关系后，运用一定的脉络使不同的空间串联成为一个有机整体，从而构成一个系列化的运转整体。进而利用空间尺度的比例关系、大小、疏密和节奏关系等，丰富整个空间的层次，使其既具有整体感又富有变化。

图5.53　处于优势空间环境的办公区

另外，如果空间过大，可以将整个空间分为几个功能单元，再对每个功能单元进行细化设计。在空间整体布局设计过程中，应该注意留下空间后期调整的可能性与灵活性。

5.5.1.3　空间分隔方式

众创空间室内空间分隔方式主要分为以下3种类型。

（1）绝对分隔。即用实体界面来分隔空间，如实体墙体、直接到顶部的轻体隔墙等，如图5.54所示。这种分隔无法移动，具有明确的空间界限，属于封闭性空间。绝对分隔的空间具有一定的私密性，隔音效果好，不受外界杂音的干扰，但是视野受阻，不方便交流，在部分办公系统空间及服务设备系统功能区中多采用这种分隔方式。

图 5.54　室内空间绝对分隔

　　（2）弹性分隔。弹性分隔是具有一定灵活性的分隔方式，如可以拆卸、可以升降折叠的隔断，或者家具陈设等都属于弹性分隔方式，如图 5.55 所示。弹性分隔的形式多种多样，可以成为视觉元素，既能充分体现出设计风格，又使其具有很强的弹性，可随人事变动和工作需求加以重组、改变，使空间具有灵活性。隔断不仅可以在视觉上营造一种开阔的感觉，也赋予空间连贯性和融通性，同时满足员工工作时对独立思考与团队合作的需求。从声学角度分析，这些隔断营造了一个声学小环境，既可以吸收部分声音又可以作为声屏障用于阻隔声音。

图 5.55　室内空间弹性分隔

　　（3）意识分隔。意识分隔是使用非物质的方式进行空间分隔，其划分界限相对不太明确，表面模糊，因而不同的人会有不同的心理感知，产生不同的视觉效果，进而达到一定的艺术性。意识分隔通常包括以下因素：色彩、灯光、材质、地面、味道、高低、声音，如图 5.56 所示。

图 5.56　室内空间意识分隔

5.5.2　材料选择与三大界面设计

　　室内空间主要由地面、墙面、顶面三大界面围合限定而成，从而确定了室内空间的大小和形状。界面形式是整个空间环境造型设计的基础，尤其是两者之间的过渡往往能表现出个性气质。室内空间的地面和墙面是衬托人和家具、陈设的背景，顶面的差异使室内空间更富有变化。材料是空间界面的具体承载物，恰当的用材是营造室内空间气氛的关键手段。为了能有一个舒适、安全的工作环境，众创空间的室内装饰应该选择可再生的、绿色环保的材料，构建安全、生态的办公环境。若使用劣质板材、胶、化纤材料，则后期会耗费更多的维护成本。在安全选材的基础上，合理运用新型材料如新型石材板材、合金、吸声材料、新型智能材料等，使办公环境更加简洁、时尚、多样、智能化。

5.5.2.1　众创空间装饰材料选择

　　办公空间作为核心公共空间，其使用率非常高，所以在材料选择上以耐久性、安全性、便于维修护理的装饰材料为主。为了营造良好的室内空间环境，在选材过程中应更多关注材料以下 3 方面的特点：

　　（1）材料的情感性。材料的情感性是指人们对于某种材料在意识中已经形成的特殊的心理印象符号。这种特殊的符号正是材料本身个性化的表达，它凝聚了区别于其他的质感，展现出与众不同的美。

　　（2）材料的合理性。虽然材料本身有价格上的高低之分，但是在使用价值上只有合理的才能最体现其价值。在材料选择上要做到巧妙运用、各尽其用，根据不同装饰标准的需要而选择。有时候价格低廉的材料也能展示出与众不同的高雅气质，例如，有些内墙直接粉刷带有凹凸肌理的涂料或硅藻泥，成本较低，但是展现出了自然、复古的风格，达到了空间所要表达的内容。一味选择昂贵的材料，反而使人感觉表面奢华，内在空洞。

（3）材料的可持续性。设计是发展、追求时尚前沿，材料亦是如此。科技发展带来了许多新型材料，它们的形式更加多样化，成本更低，使用也很便捷。从可持续的角度看，材料可以选择无污染、可以循环使用的绿色新型材料，同时要有较长的时尚寿命，保证未来几年内的新鲜感。

5.5.2.2　众创空间室内地面设计及其材料选择

地面在人们的视域范围中是非常重要的，地面和人接触多，占地面积大，视距近，而且处于动态变化中，进行地面装饰设计中要满足以下几个原则：

（1）地面要和整体环境协调一致。从空间的总体环境效果来看，地面要和顶棚、墙面装饰互相协调配合，同时要和室内家具、陈设等起到相互衬托的作用。地面的颜色要较顶棚深，避免出现"头重脚轻"的感觉。

（2）关注地面图案设计。地面图案设计大致可分为 3 种情况：第一种是强调图案本身的独立完整性，如会议室，可以采用内聚性的图案，以显示会议的重要性，同时色彩要和会议空间相协调，取得安静、聚精会神的效果，如图 5.57 所示；第二种是强调图案的连续性和韵律感，具有一定的导向性和规律性，多用于门厅、走道及常用的空间，如图 5.58 所示；第三种是强调图案的抽象性，自由多变，自如活泼，常用于不规则或布局自由的空间，如图 5.59 所示。

图 5.57　独立性地面图案　　　　　图 5.58　规则地面图案

（3）满足楼地面结构、施工及物理性能的需要。地面装饰时要注意楼地面的结构，在保证安全的前提下，照顾构造、施工上的方便，设计时不能只片面追求图案效果，还要考虑如防潮、防水、保温、隔热等物理性能的需要，同时要与整个空间环境相一致，相辅相成，以实现良好的功能和装饰效果。

5.5.2.3　众创空间室内墙面设计及其材料选择

在室内视觉范围中，墙面和人的视线垂直，处于最为明显的位置，同时墙体是人们经常接触的部位，所以墙面的装饰对于整个空间氛围的塑造具有十分重要的意义。众创空间室内的墙面设计应满足以下设计原则。

图 5.59　不规则地面图案

（1）进行整体性墙面装饰时，要充分考虑墙面与室内其他部位的协调统一，要使墙面和整个空间成为和谐统一的整体。

（2）物理性墙面在室内空间中所占面积较大，因此对其功能和装饰效果要求也较高，对于室内空间的隔声、保暖、防火等要求不容忽视。

（3）墙面的装饰效果，对渲染美化室内环境起着非常重要的作用。墙面的形状、分划图案、质感和室内气氛有着密切的关系，为创造室内空间的艺术效果，墙面本身的艺术性需要设计师重点关切。

工作空间的墙面材质可以使用白色乳胶漆或壁纸进行处理，如图 5.60 所

图 5.60　墙面色漆装饰效果

示，既可以满足人们对色彩的心理需求，又可以反射更多的光线使室内显得宽敞明亮，且经济实惠。工作空间、会议室的墙面可使用多孔的吸音材质，可有效地减少噪声污染。此外，对于开放式的办公空间，可以通过悬挂彩色吸音板、壁毯的方式分隔空间、减少噪声，同时又能起到良好的装饰作用。

5.5.2.4　众创空间室内顶面设计及其材料选择

顶面通过造型、色彩、材质的设计影响众创空间室内光环境、声环境及整体空间效果，形式多样的顶面搭配灯具造型能显著增强空间的感染力。

众创空间室内顶面设计形式主要有以下 6 种。

（1）平整式顶棚。这种顶棚构造简单，外观朴素大方、装饰便利，其艺术感染力来自顶面的形状、质地、图案及灯具的有机组合。

（2）凹凸式顶棚。这种顶棚造型立体感强，可用与门厅、集中休闲区等，设计时要注意各凹凸层的主次关系和高差关系，变化不宜过多，要强调自身节奏韵律感以及整体空间的艺术性。

（3）悬吊式顶棚。即在屋顶承重结构下面悬挂各种折板、平板或其他形式的吊顶，设置在空间中合适的局部位置上，可以满足声学、照明等方面的要求，同时还可以达到某些特殊的装饰效果。

（4）井格式顶棚。即结合结构梁形式，主次梁交错以及井字梁的关系，配以灯具和石膏花饰图案的一种顶棚。这种顶棚朴实大方，节奏感强。

（5）玻璃顶棚。有些特殊结构建筑的门厅、中庭等常用这种形式，主要用来满足大空间采光及室内绿化需要，使室内环境更富于自然情趣，为大空间增加活力。玻璃顶棚的形式一般有圆顶形、锥形和折线形。

（6）裸顶。在开放式办公区室内环境设计中常采用裸顶喷白色、灰色、蓝色等乳胶漆，如图 5.61 所示，弱化建筑上方的设备管道，以提高整个空间的延展性；同时相比于其他吊顶方式，裸顶极大地降低了装修成本。但必须注意天花板与有关设施的密切配合、布置有序，以便日后的清理维修工作。

众创空间室内顶面设计应满足以下原则：

（1）要注重整体环境效果。顶棚、墙面、基面共同组成室内空间，共同创造室

图 5.61　开放办公区裸顶喷色漆

内环境效果，设计中要注意三者的协调统一，在统一的基础上各具自身的特色。

（2）顶面的装饰应满足适用美观的要求，富有层次。一般来讲，室内空间效果应是下重上轻，所以顶面装饰要力求简洁完整，突出重点，同时造型要具有轻快感和艺术感。例如错落有致的叠加层次变化，可以表现丰富的室内空间，但其高度应根据室内高度而定，否则会降低室内净高，带来不同程度的压抑感。

（3）顶面的装饰应保证顶面结构的合理性和安全性，不能单纯追求造型而忽视安全。装饰图案的运用更能够集中视觉感受，突出重点，彰显特色。

5.5.3 装饰设计手法

为了营造一个更加轻松、愉快、舒适、个性的众创办公体验空间，让员工体会到办公生活的乐趣，就需要能够将品质、幽默、高效的元素放大到空间环境中的装饰设计。众创空间室内装饰设计手法可以分为色彩设计和软装陈设设计两大类。其中色彩是创造环境气氛的一种手段，为室内环境营造氛围、突出情调都离不开色彩的搭配与设计；恰当地选择与布置软装陈设品可以体现出一个空间的理念文化，提升空间的品质与舒适度，从而增添众创空间的活力。

5.5.3.1 色彩设计

从空间的延续性上分析，众创空间色彩的设计应该依照"大跳跃、小和谐"的原则。大跳跃是指众创空间之中的色彩变化，如多间会议室彼此之间可以选择完全不同的主调。而每间的门窗、桌椅和地板甚至可以看到的琐碎的办公用品都要保持自己的整体色彩和谐，这就是小和谐的原则。在开展众创空间色彩设计时，首先要定好空间的基调色彩，正如音乐中的主旋律，色彩基调决定于面积最大或是人们注视最多的色彩。在办公空间中，地面、顶面、墙面、大面积的办公家具等位置的色彩会决定其基调色。办公空间的色彩设计不宜过于单调，单一且纯度较高的颜色，容易引起视觉疲劳，而如果色彩搭配得不和谐，色彩的失衡会加重人的疲劳，产生不舒服的感觉。因此，办公空间环境色应该以低纯色为宜。这样，尽管空间中的工作活动范围有限，但每到一处都会给人耳目一新的感觉。而空间中的每一种色彩都有它自己的语言，会传达出特定的环境信息。例如，尽管黑色给人以孤独感，但同时也有一份高贵和庄重；大红大粉过于张扬，若和安静的冷色搭调，能够显出年轻的活泼；本白土黄过分素净，若和快乐的暖色牵手，就易于露出自己的典雅。因此掌控好空间色彩中的面积、冷暖、明暗、远近等对比关系就显得十分关键。

需要注意的是，色彩的个性化设计是以人性化为基础的，需要两者的结合。在进行色彩个性化设计时，可从以下几点考虑。

（1）色彩属性。众创空间色彩设计的主要目的是满足人们的心理精神需求和生理功能需求，两者之间达到和谐统一，从而使工作中的人们产生舒适的感觉。如空间中办公家具多运用纯度比较低的灰色系，各个界面的主要色块以淡色系为主，此外，大量实验证明，纯度比较高的单一色彩，容易使人产生疲劳感，影响工作效率，纯度比较低的单一色彩，容易使人保持清醒的头脑，积极投身于工作中；休闲洽谈接待功能区宜多采用丰富多变的色彩，这样可以缓解工作过程中的疲劳，增加员工的灵感与活力。

（2）色彩搭配。要讲究色彩的和谐，运用色彩搭配方法平衡视觉审美，产生思想上的共鸣，形成个性化的色彩印象。同时，在色彩表现时应结合运用材料的天然色彩，配以合理的人工色彩，将会产生不一样的化学反应，从而达到理想的装饰效果。

（3）色彩功能。在空间中的某些局部色彩设计中，不一定要局限于选择与空间理念文化一致的色彩。例如洗手间、电梯厅、走廊等区域，完全可以独立地选用色彩，因为这些空间属于缓冲的过渡地带，大胆明快的色彩可以减轻人们的心理压力，使人感觉进入了另一个空间，愉悦心情，个性化的色彩表现正是通过这些局部细节的设计得以展现的。

5.5.3.2　软装陈设设计

陈设设计是室内设计的重要组成部分，可运用多种手法对室内空间进行再创造。在进行软装陈设设计时，应该综合考虑以下几个原则。

（1）以人为本。人是室内空间的直接使用者和感受者。在室内进行满足人们物质生活与精神生活的设计活动，最终服务于人的不同的生理需求及心理需要，"以人为本"就显得尤为重要。

（2）协调统一。一个完美的空间陈设设计是利用织物、家具、陈设艺术品、绿化、灯具等要素，通过在造型、色彩、材质、风格等方面进行精心设计达到视觉上的一致性，营造出一种和谐、舒适的室内氛围。空间陈设设计需要体现科学与艺术、物质与精神的协调和统一。

（3）均衡变化。均衡性原则是指以某一点为轴心，求得上下、左右的均衡。在室内陈设设计中，均衡性的体现是指各元素在空间中形态、色彩、材质等方面构成的一种平衡感。首先，室内陈设设计中经常采用对称布局方式表现均衡性，对称轴两侧可采用一致的造型、尺寸等，营造一种端正稳定的平衡状态，但是在设计时应避免室内环境过于呆板和平淡。其次，采用放射性平衡，也就是以一个中心为重点，各个要素以内向中心、或背向中心、或环绕的形式布局，中心位置起到控制整体环境的作用，这种平衡方式更灵活多变。再次，由于室内空间功能趋向复杂化、多变化，也可以采用一种非对称均衡的布局。这种方式虽然在尺寸、色彩等方面缺乏一定的联系，但是要求在构图与视觉上达到一种平衡。

软装陈设主要包括家具、灯饰、装饰陈设品、绿植花卉等四大类。在设计时具体要做如下考量。

（1）家具。理想的办公家具，无论从设计概念或是设计意义上，都能让合理性与审美意味和办公环境融合统一，体现众创空间的氛围与艺术效果，并具有灵活、可变化、易于调整等特征。为了达到和谐统一的效果，空间中的家具要灵活整合，形成一种内在的韵律与节奏美感，造成视觉连接和空间传承的自然过渡，使办公空间的风格明确，突出环境标志性与协调性。另外，办公家具的体量、尺度一定要同空间的尺度相适应，其色彩、线形、材质及制作技巧等要素也要达到实用性与装饰性的统一，同时注意符合美学及人体工学的原理。

（2）灯饰。在室内空间中，人工光源不仅可以起到照明作用，还可以通过光和影塑造周围的环境并为室内增添几分温馨与活力。因此，灯饰的选择、搭配与布置成为室内陈设设计中重要的一部分。在运用上，灯具应根据室内设计风格而定，从灯具的造型、质感等方面选择符合空间风格和氛围的灯具。如现代风格的灯具造型新潮，注重自然与实用，在功能上也比较人性化；中式风格的灯具尽显一种返璞归真的朴素、高雅气质，在设计上包含了众多中国元素；西式灯具体现的则是一种金碧辉煌、奢华大气之感，虽然造型上比较繁琐，但是它经历了历史的锤炼，能带给人一种浓郁的人文气息。除室内灯具的造型、质感等具有装饰效果外，灯光也可营造美感，在不同的光源下，室内装饰物所反映的色彩是不一样的，它能与室内空间形色合为一体。

（3）装饰陈设品。装饰陈设品能直接反映出设计师与使用者的追求和情趣，构建个性化的众创空间，装饰陈设扮演着重要角色。在众创空间中，由于家具占有非常重要的地位，因此，陈设一般是围绕家具进行布置的。办公空间陈设品的选择和布置的重点，主要是处理好总体与局部之间的关系，即陈设、家具和办公空间三者的关系。陈设在办公空间中的地位要恰当，尺度要适宜。陈设品的材质、色彩要与家具、空间统一考虑，形成一个协调的整体。陈设品的布置应与家具布置方式紧密配合，形成统一风格。

装饰陈设品按照需求可以分为三种类型：一是具有使用功能的陈设品，比如办公器材、办公用品等，这类陈设品一般放置在功能需要的位置，不可缺少；二是具有装饰意义的陈设品，比如瓷器、壁画、植物、雕塑、古董等具有欣赏价值的物品，如图 5.62 所示；三是因掩饰而设，在很多时候，陈设品可以起到掩饰的作用，即掩盖因为空间结构或其他使用功能而影响美观的物体，如管道、梁柱，多关注这些细节进而进行合理的装饰设计，即可达到使用与装饰同时兼顾的最佳效果。

图 5.62　众创空间装饰陈设品

（4）绿植花卉。人与自然密不可分，相互作用，在办公活动中亦是如此，如果将大自然中清新的空气、温暖的阳光、清澈的流水、嫩绿的枝叶安置在室内空间中，带来的必然是清新的气息。绿植花卉不仅可以增加整个空间环境的审美情趣，还可以缓解工作中的疲劳感。尤其是面对现如今办公环境内空气质量下降、辐射污染这些问题时，更需要将自然因素引入以调整环境。植物在室内的布局中可以起到很好的组织空间、引导空间的作用，以绿化分隔空间是组织空间的一个重要手段，如在办公空间、休闲洽谈空间与通道之间，可以结合绿化进行分隔。绿化在室内的连续分布，从一个空间延伸到另一个空间，特别在空间的转折、过渡、改变方向等，都可以起到一定的暗示和引导作用。

众创空间应营造一种积极向上的环境氛围，在美化环境的同时有助于提高员工的主动性和创造力，提高工作效率，为此，进行整体环境绿化设计的过程中应满足以下几个原则：①绿化设计必须与整体设计风格相协调。例如，植物的种类、形态、文化内涵、配置原则以及种植容器应与办公环境的主题相协调，使其得到强化。②植物不宜过高，应给植物的顶部留有至少 30cm 的生长空间，又可避免给人压抑感。③绿化设计时植物的颜色不应过杂，不应影响室内交通。小空间设计时应简洁明快，绿量不宜过大，宜采用点缀装饰。宽敞的空间可采用阵列式布置大型盆栽，再配以悬垂植物进行立体绿化。④随季节变化可以选择应时植物，以渲染不同季节的氛围，如春季的油菜花、夏季的荷花、秋季的菊花、冬季的梅花等。⑤依据植物的生长习性进行合理的绿化设计，如喜阳的植物应放置在阳光充足的地方，而喜阴的植物可放置在无阳光照射的地方或转角处。

众创空间室内绿化配置的布局方式设计应满足以下几个原则：①点状布局。使独立或成组设置于室内的盆栽植物呈点状排布，采用这种设计手法往往可以构成室内的一个景点，具有较强的装饰性和观赏效果。点状绿化装饰布局应该突出重点，按形态、质感和色彩进行植物选材。不应在周围设置与其相似的器具，以保证点状布置更加突出。大多点状装饰都是布置在墙角或悬于空中，也可放在架、桌、柜上。所选用的植物大多具有奇特的造型或鲜艳的色彩，如铁线蕨、绿萝、仙人掌类等。②线状布局。室内植物装饰的布局方式是跟空间相结合的，线状布局一般都是在一些狭长的空间中，通过有序的线性排列，起到一定的空间引导或视线引导的功能。会议室中间的两排植物起到了划分空间的作用，长的会议桌的中间起到中轴的作用，如图 5.63 所示。③面状布局。在高度不同的各种室内平面上，不论是凹入空间、外凸空间、下沉空间还是台地空间，都可铺设一定量的较低矮的绿色植物或花卉，从而凸显出空间的层次感。或者是在墙面上，通过配置悬挂或攀援植物作为绿帘或背景，形成立面上的植物墙面，如图 5.64 所示。

图 5.63 线状分布绿植

图 5.64 空间立面绿植墙

室内绿化装饰设计的具体形式可以分为自然式、规则式、镶嵌式、悬垂式。自然式是利用室内的某个角落空间，采用室外园林的设计手法，仿照大自然的形态对室内装饰植物结合假山塑石进行配置，形成独特的艺术效果。但是这种配置形式用地面积比较大，所以一般应用于前厅或中庭空间。规则式是利用形态、质地、大小、颜色相同的植物，用对称均衡的方式进行室内空间的布置，使人充分感受图案形式美。这种处理形式是采用欧洲园林的构图法，表现整齐划一的严肃气氛，一般应用于会议室或比较正式的场合。镶嵌式是利用墙壁、柱面等垂直处镶嵌上特制的半边花瓶或花盆，然后栽上一些别具特色的观叶植物以达到装饰的目的。这种处理形式的好处就是节约了宝贵的室内地面空间，利用垂吊式、壁挂式绿化使人享受到无处不在的自然之美。悬垂式是用特质的吊篮或者吊盆栽植一些枝叶悬垂生长的植物，常见的如常春藤、吊兰、小绿萝等。这种装饰形式也不用占据地面空间，但是不同于镶嵌式的是它悬于半空中，产生一种轻盈飘浮感。

5.5.4　视觉导向系统设计

视觉导向系统并非空间中的实体功能区域，而是分布于各个功能区，展示众创空间理念文化、塑造企业形象的重要途径，设计中要体现不同功能空间的特点，将众创空间的设计与企业识别体系（Corporate Identity System，CIS）有机地融合起来。通过策划具有鲜明、强烈个性的视觉形象，营造出一种积极向上、温馨舒适的整体氛围，从而产生更好的整体综合表达效果。视觉导向系统可以分为文化形象展示功能系统与视觉识别功能系统两大类。

（1）文化形象展示功能系统。文化形象展示功能系统主要是展示空间形象、理念的存在，可以是一个标志性的装置，向每个成员及外来人员传达该众创空间的精神；也可以是一个汇集每个入驻空间团队的 LOGO 的展示墙面，象征着在这里完成的每一个梦；还可以是一块贴满了团队工作、生活中点点滴滴照片的黑板墙。

标志是当我们谈及一个城市、一个空间、一个事物时，首先想到的令人印象最深刻的元素。要使一个众创空间产生标志感，变得独创与特殊，必须为其塑造标志。纽约 Wieden and Kennedy 广告公司的办公空间是一个层次丰富、多样性的复合空间，该公司办公空间位于建筑的 6～8 层，连接 6 层和 7 层的是一个圆形的胡桃壳样的"硬币楼梯"形成的看台式座椅，如图 5.65 所示，可容纳全员会议，或在它类似蜘蛛形的结构下进行非正式讨论。

标志的塑造并没有过多的原则性可言，凡是不违背公司理念、文化和价值观的特别物质都有成为标志的可能。但标志是否能够定义一个空间的风格，是否能够变成空间的符号，需要考虑很多方面的东西，还需要设计师在设计的过程中不断琢磨其中的关系。

图 5.65　Wieden and Kennedy 公司的"硬币楼梯"

（2）视觉识别功能系统。众创空间内功能系统复合化程度很高，容易由于组织凌乱导致如谜一般的空间状态。因而，为了让使用者潜意识下就明白空间的语言，了解空间的个性，并且在体验过后有一种快速的适应感，良好的视觉识别功能系统设计显得尤为重要。同时视觉导向系统是人与空间增进交互、增强体验的重要手段，空间中每个功能区域的特点都不同，导视系统不是独立存在的个体，它的视觉特点应与空间的视觉特点相协调。在与周围环境相适应的基础上，更重要的是考虑到人的需求与感受。导视系统的最终目的是为人服务的，要能满足不同阶层、不同文化程度和不同种族的人正确识别的需求，把人作为主体，充分考虑大众的心理特点和习惯，从普遍的生理特点和心理特点出发进行设计和构思。

5.5.4.1　导视系统设计元素

一套优秀的导视识别系统，其功能主要体现在以下几个方面：①能准确地指引人们的方向，消除人们的疑虑。②能让人对整个空间形成初步印象，可以更好地把握空间整体的风格特色。③正确科学的信息内容能在人们理解之后产生信息的传递和文化的交流。

视觉导向系统设计要做到科学、美观、实用、环保和人性化，应该注意导视系统中色彩、文字、版式、图形符号 4 个基本元素的合理配置。从人的视觉特点来看，传达力最强的元素是色彩，人的眼睛依靠色彩可以很明显地区分不同的事物，如图 5.66 所示；其次是图形，最弱的则是文字。导视设计需要这些元素的相互配合才能达到最佳的传达效果，才能使之具有情趣和活力，而不至于只注重功能性，显得呆板、传统。这 4 个元素在相互配合的过程中还要考虑到不同人群的身心特点，色彩的冷暖、文字的字体和大小、图形文字的布局形式、材质的硬和软及厚和薄都会引起人不同的心理反应。人的不同的心理感受是信息在传播的过程中体现的，这种传播在传播学上有比较科学的解释。传播是指社会信息的传递，社会信息系统的运行，传播的主要内容是信息，有了信息人们才能产生交流和互动，传播的主要目的就是使人与人之间、人与物之间、物与物之间产生交流，通过有意义的符号进行联系，产生信息的传递、接受和反馈。传播学里强调的是传播的社会性、信息系统性、人与人及人与社会的互动性。信息的传播需要传播媒介，导视系统正是这样的信息传播媒介，它的各个组成要素科学合理且满足信息传播原理和各方面的需求。在导视系统设计中如何运用好各种元素非常重要，不同元素的不同组合能使受众产生不同的心理效果。

图 5.66　不同场所导视标识的色彩运用

　　材质的表现力对公共空间的视觉形象系统设计的影响是非常大的，同样一个设计作品，用纸张处理和用金属处理的效果是截然不同的。材质给予人的美感中还包括了触感，比单纯的视觉现象略胜一筹。材质的选择与空间的设计理念是密切相关的。材质是视觉导向系统标识载体的另一个基本条件，它承载着载体的造型语言，蕴含着情感元素的表达。随着时代的发展，科技日益进步，新材质和施工工艺都层出不穷。现代社会对创新事物的渴求与包容也使得材质的运用愈发多元化。由于不同的材质拥有各自不同的特质和美学表现，情感元素的表达愈发细腻而传神，其视觉效果更加强化了视觉导向系统所需的功能属性。

5.5.4.2　视觉导向系统功能

视觉导向系统的功能是动态与静态的，同时也是物质与精神的。视觉导向系统功能的表现形式是由物理形式表现出来的，主要特征仍需要以指示性、识别性、指意性、指向性等功能来显示。

（1）指示性功能。指示性功能是指视觉导向系统在环境艺术设计中，具有命令性的视觉传达的作用，同时通过抽象化、简洁化、单一化的符号图形以及色彩来体现，并表现其说明性的意义以及释义性。指示性功能在视觉导向系统中起到了引导性的作用，并且通过指示性符号把系统的区域及特性告知给外界，目的是在公共场所给需要帮助的人以方便，使人们快速准确地寻找目标与方位，从而有助于导向系统信息的准确传达以及接受度的提高。

（2）识别性功能。视觉导向设计是一种实用的艺术，在我们的生活中起到了为社会和大众服务的作用，能使人们在最短的时间内通过最简单明了的视觉图形传达出正确的信息，从而实现导向系统的功能性原则。在设计导向系统的时候，必须使之具备有效的识别性，避免在一些场所出现一些弱识别系统或者是错误的识别系统。在将导向系统进行规划分布的时候，还应该注意其分布的均匀和流畅。只有在多条流线相互交叉的立体空间里，按照空间自身的特点来量身设计与规划的导向系统，才能具备更强、更准、更容易识别的性能，且能最大限度地使得受众有效地接受准确的视觉信息，避免迷失方向。

（3）指意性功能。视觉导向系统在环境中是一种既能快速传递人们信息与指引方向的工具，又能快速并且强烈表达和体现情感因素的艺术创作。视觉导向系统的指意性作用包含了两层含义：一层是表示特征的含义，是指通过视觉导向的形成来塑造或体现空间形象与形态，以图纹或者其他的形体表示出来，达到给人们一种警示或提醒的效果。另一层是指意性功能还包括了表象性：表象性的主要意义在于把具体的事物，以具体的指示形式出现的有关物的形象的图形，来做具体的指示、指向等。

（4）指向性功能。指向性功能指的是视觉导向系统的引导性作用，以指示性的图形符号把一些系统的区域或者特性、特点告知给人们，其中包括了显形的指示图形符号及隐性的空间导向。显性的指向性符号通过建立醒目的指引性符号标志，给人带来方便，起到寻找目标方位的作用。然而，对于隐性的空间导向系统来说，它是在空间的延续及约定之下形成的规则，比如通过序列化的形式使人以同一类别的导向符号来实施之前的行为，由它的指向给人们带来和形成的方向感从而达到理想的目的地。

5.5.4.3　视觉导向设计作用

众创空间中的视觉导向设计主要有以下几方面的作用。

（1）增强情感体验。众创空间的情感体验主要有两个方面，一个是导视设计的造型、材质、色彩等元素带来的直接性的趣味感，让人产生生理上的变化，这种直接性感知可以让人产生喜悦、沉重、寒冷、温暖等不同的心理感受；另一个是导视设计带来的间接性的趣味感，是人们通过各种元素的表现，通过个人的理解而产生的感受。

（2）渲染空间氛围。每个众创空间都有独特的创业理念，随时光的推移会慢慢形成自己特有的风格、文化。空间的导视系统不只是表面起到指引、识别的作用，还能体现出人文关怀，让创业者们在感受到空间文化的同时也能倍感亲切和温暖。

（3）提升导视交互。人在空间中活动即可形成与导视元素的交互体验。人的参与性和体验性可以促进空间导视系统设计的不断完善，同时，增强人与导视系统之间的互动是导视系统设计的发展趋势，更符合人性化的理念。

5.5.4.4　三大界面视觉导向设计

（1）地面视觉导向设计。地面是人行走的接触面，与人紧密联系，是引导空间最直接的体现。地面用于引导空间和流线组织的视觉导向设计，归根结底是通过各种各样的"道路"实现的。利用地面对整个空间进行引导，最简单的办法就是在地面贴上引导标识，如图 5.67 所示。比如在地面贴上脚印的图案形式，人们就能很容易判断办公空间的方向。在材料或者颜色上进行简单的变

图 5.67　直接引导式地面导视

换，既能丰富地面的平面形式感，又能起到引导性的作用。除了显性引导，也就是直接引导，地面还存在一种隐性的引导方式。显性的引导方式相对来说比较直接明了，而且准确性高，但是需与整体环境相协调才会融入环境，否则就会比较突兀；隐性的引导方式是人对于空间形式语言产生的生理或心理反应，是一种感官的引导方式。比如说地面简单地按照流线的形式进行材质或色彩上的变化，可以给人们以空间的方向感，如图 5.68 所示。隐性的引导形式主要用来引导长时间使用空间的人，因为他们对整个空间的分区是了解的，对于陌生人只能引导一个大概的方向，引导信息缺乏准确性。除了以上设计手法，通过地面的高差来对空间进行合理分区，人们可以利用视觉上对地面高低差的感知从而判断空间区域的划分及流线的走向。除此之外，在地面上设置地灯也是一种引导性设计的方式。

（2）墙面视觉导向设计。墙体本身就是一种引导手段，一个大空间通过墙体的分隔变成若干小空间。墙体不管是实的还是虚的都具有限制性，同时也具有引导性。比如，一个陌生、狭小的空间发生火灾，人们在逃离时可以按照墙体顺时针或逆时针地寻找出口，而不是盲目地寻找出口，这就是墙体本身的引导性作用。除了墙体本身的引导性作用，墙面的形式设计也可以为我们提供引导性帮助。比如墙面材质以及色彩的对比运用，文字与图形在墙面上的运用等形式也能达到引导空间的目的。色彩对比运用的引导性手法比较常见，墙面颜色的不同会在视觉上对人产生微妙的心理

图 5.68　隐性引导式地面导视

作用。最简单的方法就是利用墙面乳胶漆的颜色进行区别，如图 5.69 所示，或者通过不同材质肌理的对比以及墙面灯光的运用等等。

（3）顶面视觉导向设计。顶面视觉引导性设计主要采用灯光的有序排列引导方向，材质的变化一般不会很复杂。相比墙面，天花的引导性设计很简单，这主要是由人的视觉习惯导致的。天花界面高低不同也会影响人的心理，低空间会让人产生压抑、急躁、不安的心理情绪。除了灯光的引导设计形式，还可以通过天花界面叠级或高低差来实现区别天花，让人感受到空间的虚拟分隔，从而引导空间的方向性，如图 5.70 所示。

图 5.69　墙面导视设计

图 5.70　顶面灯光导视设计

5.5.5　照明设计

　　众创空间的照明主要有自然照明和人工照明两种。自然光线具有较高的照明度、最佳的显色指数，带给人温暖，使人心情舒适，利于人体健康、植物生长及杀灭细菌、净化空气等，应尽可能使办公室内获取充足的自然光线。人工照明主要保证夜间照明、大纵深空间内部照明及满足理想均匀的照明效果。办公环境常选用白、黄两种颜色的荧光灯，使照明更接近自然光。照明设计要根据空间功能分区的平面布置来进行，并考虑中央空调、防火喷淋管道的位置。

办公空间环境照明设计，要按照不同的需要，反映室内结构的轮廓、空间、层次和家具及装饰物的体积感，突出节奏的变化与空间层次感，使有限的内部视觉空间得到最大程度的放大，达到美化空间的效果，创造出新颖、有吸引力的空间环境。

5.5.5.1 众创空间照明功能需求

众创空间照明设计应当本着节能、环保、高效的原则，以保证人在工作状态中的舒适性为前提。不同的使用功能和空间区域、不同的工作特点对照度的要求也有所不同，例如绘图、审核、监测等特殊功能需求就需要配置台灯、射灯等独立式集中照明。众创空间的照明设计应当满足以下几方面的功能。

（1）空间照明设计应该满足基本的照度与明度要求。空间中必须有充分的亮度以满足工作人员的基本需求，这是照明设计首要应该解决的问题。如果光照不足或者光照过量，便会对工作人员产生不利影响，降低工作效率。

（2）空间中的灯具应合理分布。空间内合适的光源分布是必要的，没有特殊情况时，一般工作台面对照明的要求是必须达到亮度均匀。按照国际照明标准的建议，工作房间内交通区域照明的平均照度不得小于工作台面照度的一半，相邻功能区域的照度不应相差3倍，这样才不会使人产生视错觉，从而提高安全性。工作台面附近的照明光源会在电脑屏幕上形成眩光，应当调整光源的照射角度，尽量避免光源直接照射到电脑的屏幕界面上。

（3）采用稳定的投光方式。在布置灯具时，应当考虑到空间应有的氛围，避免用一些不稳定的光源投射光亮。在投射方向上，以工作台面与交通区域为主，减少被投射区域的立体感。在墙面与地面的选材上，要以漫反射材料为主，尽量少选用反射值较高的铺装材料，这样才能保证办公空间的工作氛围。

（4）利用光的可塑性营造良好的氛围。利用光的方向、冷暖与强弱，可以营造不同的氛围。比如在洽谈区，选择暖色弱光可营造轻松、平和的谈话气氛；在工作区，无色光与冷光无疑会凸显紧张严肃的工作心态；在休息区，利用造型甜美的灯具可以打造出轻松、恬静的休息场所。可见，光的可塑性非常强，利用光环境的各种要素可以让整个办公空间具有"生命感"。

5.5.5.2 众创空间照明设计方式

商业办公空间照明设计中最受提倡的是尽量采用自然光进行照明。自然光是人们感觉最舒适的光源，对使用者的心理和生理尤其重要，同时利用天然光照明成本低廉，能够减少电光源的消耗。人工照明分为 3 种：①泛光照明，即来自顶棚的大面积照明系统；②集中照明，即设在工作台为了方便近距离读、写所需的照明系统；③装饰照明，即为了突出室内装饰陈设而附加的照明系统。众创空间照明布局设计根据功能和风格可以分为一般照明、任务照明和重点照明 3 种基本方式。

（1）一般照明。一般照明是最基本的照明，可以提供一个舒适的亮度，看到整个空间的所有事物，确保活动安全。一般照明可以使用吸顶灯、泛光灯、嵌入式灯具、壁灯，有时甚至可以用户外灯具。

（2）任务照明。任务照明是室内空间中帮助人们完成特殊任务的照明方式，比如在桌子上看书、在舞台上表演等等。任务照明可以使用嵌入式灯具、轨道灯、射灯、吸顶式移动灯具。选用这些灯具时应注意避免眩光和阴影，一定要有足够的光线以避免视觉疲劳。

（3）重点照明。重点照明可以增加室内空间光照的艺术效果，也可以作为一个装饰元素，为绘画、陈设艺术品等提升光照强度，还可以强调材料的机理效果，如图 5.71 所示。重点照明模式下，光照中心所需的照度是周围环境的 3 倍，轨道灯具、射灯或探照灯可以用来满足重点照明的需求。

图 5.71　空间重点照明展示

5.5.5.3　众创空间照明设计手法

光线的改变对众创空间室内环境具有较大影响，是室内环境的不确定因素。光线在人与空间之间形成一种特殊的关系，在众创空间室内环境设计过程中要着重考虑有关照明手法的选择。众创空间照明具体的设计手法体现在以下 3 个方面：

（1）光线限定空间。它通过对空间轮廓的勾勒来限定空间，通过亮度差异来区别不同的空间，通过亮度差异来调节空间尺度，如图 5.72 所示。

图 5.72 安藤忠雄作品——直岛当代艺术博物馆

（2）光线连接空间。它利用室内外相似的光环境沟通内外空间，利用中介环境的过渡来连接空间，以光线改变空间顺序，如图 5.73 所示。日本建筑师安藤忠雄在谈到光的运用时说："我相信在建筑空间中光的'质'比'量'更为重要，我希望考察一下光的'质'，它能丰富建筑的表情，光线会因为材料的不同以及光线时间的变化改变射入空间的角度，不同的光线就产生了不同的性格表情，这种光的特性为空间秩序提供了一种操作行为。"

图 5.73 安藤忠雄作品——普利策基金会美术馆

（3）光线创造空间。当你走进一个空间，无论是庄严神秘、自然清新、热闹喧哗还是静谧清幽，都与光有关系，光历来就是创造空间氛围不可或缺的因素。光线以不同的方式穿过空间的表面，进入活动空间内部，在被空间形态改变的同时，不同的表现语言塑造着不同的性格，形成了各具特色的空间氛围。

5.6　众创空间室内环境设计原则

在经济飞速发展的信息时代，众创空间的室内环境设计更加趋向于人性化、生态化、社区化、智能化。以人为本的设计思想贯穿于整个空间功能形态，使形式直接触发感知，达到技术与艺术的高度统一，满足室内空间使用者的生理、心理、情感的需求。通过需求调研、案例分析、方法总结，归纳出众创空间室内环境设计应该满足以下几方面的原则。

5.6.1　舒适便捷性原则

众创空间室内环境设计应该满足人们工作生活基本所需的舒适度，在此基础上，平面布局应保持一定的节奏和韵律，强调形的完整和整洁。众创空间内部要满足人流集散的功能，因此，空间的便捷性是必不可少的。同时，设计时应该考虑到最普遍的使用者，尤其是要考虑到陌生人在空间中定向和觅路的需要，使整个室内环境具备可识别性，从而使人能够方便快捷地到达目的地。

5.6.2　安全经济性原则

众创空间室内环境设计在保证空间舒适度、安全性、便捷性的基础上，应在造型设计、材料选择、软装设计等方面控制成本，保证空间结构、功能的安全，同时充分体现众创空间的文化理念。

5.6.3　主题趣味性原则

众创空间设计的主题直接限定了空间的性质与特点，同时可以体现出使用群体的特殊性。主题表达能够体现出众创空间的文化理念和人文关怀，对于增强创业者们的创业文化认同感、归属感、成就感都具有巨大的意义。创业人员经常处于高强度、高压力的工作中，因此营造温馨、积极的氛围和增加办公体验的趣味就尤为重要，这也可以成为众创空间室内环境的一大亮点。

5.6.4　人性化设计原则

随着社会的进步以及人们意识的转变，办公空间设计越来越多地尊重与保护工作中的人们，更倾向于体现人们对舒适办公环境的向往与工作效率的提高，以及从心理上把受干扰的程度减到最低。为了促进人们的交流和协作，应尽量消除通道与办公区的界限，利用通道等附属空间与办公和交流相结合，积极创造出各种各样潜在的交往空间，这样既可以丰富人们枯燥的办公生活，彰显人性化关怀，又能够丰富公共空间的内涵，提升其环境品质。私密性的需求是人的一项基本心理需求，它在心理学上被定义为个人或人群可调整自己的交往空间，保持个人可支配环境，即个人有选择独处与共处的自由。为了满足私密性需求，在空间设计中可以用不同的空间分隔手法为人们提供不同功能需求的个人空间。以上这些方面都是人性化设计原则的体现，人性化也会成为衡量众创空间整体设计的一个重要标准。

5.6.5　生态可持续原则

一般来说，影响办公建筑室内环境舒适性的因素主要包括空气、休息、交流、绿化、家具、景观、色彩、光线。人类与自然越来越缺乏沟通，将自然生态化的元素引入室内环境不仅解决了这个问题，亦可改善内部空间的小气候，对于保持人类身心的健康、滋养精神有着不可替代的作用。在选择材料与结构工艺时应该满足绿色环保、可持续发展的要求。

5.6.6　社区交互化原则

众创空间是一种新型的微社交空间，目的是激活不同成员之间的社会属性，创造一种生动的社交景观与交往形式，充分考虑不同的功能需求，营造不同的空间区域，以求使每个成员的不同时刻的需求得到满足。在这个空间里，多个不同类型的工作团队虽然工作独立，但是各个项目与业务可以交叉合作，形成一种动态化的工作模式。如此既有利于不同团队之间分享信息、技术、资讯，拓宽人脉网、社交圈，也可以在公司遇到瓶颈时，求助"邻居"协助解决。

5.6.7　信息智能化原则

办公环境信息智能化发展是科技进步、互联网发展的必然结果，相应的工作模式也会产生极大的变化，出现更多的个性化、多样化的办公形式，如网络视频会议就是一个鲜明的例子。作为办公行业的先锋团队，众创空间的室内环境设计应该走在科技前沿，提供配套的设备与环境支持。这对现代办公空间的设计发展来讲，也是一件意义非凡的事情。

5.7　本章小结

　　传统办公空间往往更强调场所的功能性，在严格的管理制度面前，为了提高办公效率，忽略了员工工作过程中的舒适感，难免枯燥和乏味。而众创空间的办公模式则恰恰相反，创业者们之间渴望平等的交流，在梦想的激励下工作，他们充满激情、不拘小节。众创空间室内环境设计最本质的目的，就是为这样一群人量身定做一个舒适、高效、个性、活力、温馨的创业基地。本章深入调研了众创空间的用户及功能需求，总结出了众创空间的八种主要模式和五大功能系统。通过分析国内外众创空间环境设计案例，归纳出了众创空间室内环境设计的具体流程与可操作性方法，并在此基础上提出了设计过程中应该遵循的原则，旨在为众创空间室内环境设计提供相关参考。

第 6 章　众创空间家具设计与配置

　　家具是室内环境设计的重要组成要素，是创造二次空间及环境的载体，每个空间功能的实现都是通过家具的辅助完成的，对整个空间的装饰、设计和使用都有着很大的影响。家具组织并划分室内空间，通过家具的围合、组合布置来组织并划分空间，可以更为合理和有效地利用室内空间。家具可以柔化室内空间，调节色彩，营造特定的室内氛围。家具作为功能实体，不仅能实现各种使用功能，弥补空间功能的不足，还能作为形态实体在视觉感受方面丰富空间层次，将空间风格立体化。因此，家具配置是众创空间室内环境设计的重要环节，同时也是实现空间环境特色与理念的关键手段。

6.1　众创空间家具设计与配置原则

6.1.1　协调统一性原则

　　众创空间内的家具配置无论是尺度造型上还是色彩材质上，都应体现空间环境的氛围与艺术效果，让合理性与审美意味和办公环境融合统一。为了达到和谐统一的效果，众创空间中的家具配置与布局要形成一种内在的韵律与节奏美感，形成视觉连接和空间传承的自然过渡。

6.1.2　人机工程学原则

　　上班族人群在一天中接触时间最多的家具便是办公家具，办公家具与人的动作行为息息相关，并与工作效率和使用者的健康状况紧密相联，因此，人机工程学广泛运用于办公家具成为必然趋势。实际上越来越多的企业已经重视这方面的研究，美国具有百年历史的大型办公家具企业 Steelcase 就始终将人机工程学的研究放在整个设计的核心位置。办公家具设计应当在尺度、造型、色彩、材料等方面满足人的生理需求及心理需求，设计不当会降低工作效率，且不利于人的身体健康，容易造成肩椎病和脊椎病等常见的职业病。所以办公家具设计及室内家具配置必须满足人机工程学原则，为使用者提供一个健康、愉悦、高效的工作环境。

人机工程学是运用测量学、力学、生理学、心理学等知识研究人体结构与机能特征的一门学科。人机工程需要测量人每个部位的尺寸、重量、体表面积、比重以及重心，了解每个部位在活动过程中的联系与可及范围等人体结构参数，还有具备的动作习惯以及出力范围等机能参数，以此剖析人的各种感觉器官、系统的机能特性与人在活动过程中的疲劳原因、生理变化、能量消耗，以及人在承受活动负荷时的适应能力，并讨论对人的工作效率与质量造成影响的心理因素。人机工程需要大量的测量与研究支持，在设计上运用人机工程学理论时可以参考不断更新的丰富的研究成果，将其运用到设计中来。例如，在评价组合工位的设计是否符合人体基本需求的时候，可以从以下方面进行考虑，如图 6.1 所示。座椅靠背造型是否符合人体背部与腰部的受力要求；显示器高度是否使人的头保持一个直立的状态；肘部角度是否在 $70°\sim120°$ 之间；手腕是否处于平直的状态；上身与大腿角度是否在 $90°$ 或者更大；桌面下的双腿活动范围是否充足；脚是否能平放在地上或者有一个供脚步休息的装置；使用者是否能灵活改变其坐姿；当使用者靠近工作台面时，办公椅扶手是否会对工作台面产生影响；是否提供了充足的光线；桌面及储藏空间是否根据第一、第二、第三可及范围进行规划设计等。

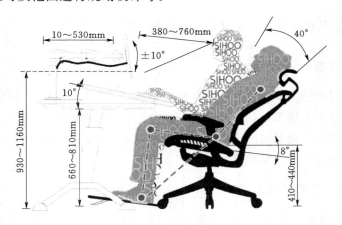

图 6.1　如何确认工位组合是否符合人体需求

尤其是在办公座椅的设计中，人机工程学愈发重要。由于使用者经常维持一个动作的时间过长，设计不良的座椅会使之办公久坐时更容易诱发脊椎疾病以及阻碍血液流动等职业病。美国办公家具企业 Steelcase 的 Leap 系列办公椅以变化靠背的形状来适应用户的脊柱支撑需求，使用户不会由于长时间持续同一坐姿而导致身体的不适，引发相关疾病。除此之外，在使用者往后靠时它可以自动往前移动，保证使用者一直处于视野范围之内以及可及区域中，让他们更加专注于工作，如图 6.2 和图 6.3 所示。

图 6.2　Steelcase 的 Leap 系列办公椅

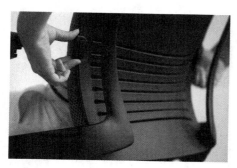
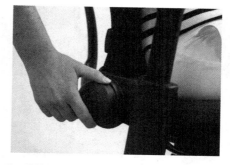

（a）脊椎并不会整体移动　　　　（b）脊椎的上部和下部需要不同的力量和支撑方式

（c）每个人的脊椎运动都是独一无二的　　　（d）视线和触及范围将影响坐姿

图 6.3　Steelcase 的 Leap 系列办公椅适应脊椎的支撑方式

6.1.3　灵活便捷性原则

众创空间的创业者们是不断更换的，灵活化的办公方式要求能有更多的办公家具形态来满足空间环境变化后的工作状态。在这些需求下，家具的灵活性配置就显得尤为重要。可以根据需要随意移动搭配不同形式的家具，构成不同功能的空间，以满足不同的办公需求。如图 6.4 所示，上方为豌豆荚可以容纳几十人的多功能大会议室，如果利用隔断将空间分隔并重新配置可移动会议桌，便会形成两个独立的小会议室，满足两个活动同时进行的需求；下方为一个较大的空间中设置活动隔断系统，当多个团队进行协作需要较大会议空间时，将活动隔断折叠收拢变成大空间，当需要变成各个小型团队的项目房间时，恢复活动隔断，形成多个小空间。

图 6.4　众创空间中的活动隔断

6.1.4　个性多元化原则

人们办公方式的异同，直接影响了家具的形态变化。来自不同行业的创业者们有着不同的工作方式和工作习惯，因此，众创空间家具配置设计时应该充分考虑到办公方式的个性化和多元性可能，以减少使用过程中的不便。

长时间处于同一种办公形态中，如久坐于电脑前，一方面容易造成脊椎、脖颈等部位的劳损，另一方面会使人处在一种厌烦的心理状态，对人体健康与办公效率的提高都有很大的抑制作用。办公形态正发生革新式变化，站立式办公作为一种办公方式逐渐流行起来。如图6.5所示，通过简单的操作就可以将办公桌的桌面抬高，一个集合跑步机功能的办公桌也可以实现站立办公。

图 6.5 多元化办公桌

6.1.5 强调用户体验原则

"体验"一词在理论研究中主要从需求与供给两个方面进行定义。适应众创空间的办公家具设计应该改变从家具本身入手的设计模式，转而将用户体验作为核心，以用户目标为导向，首先确定目标用户、用户目标及使用情境，追溯用户的需求，之后通过设计要素、用户行为等了解用户在使用产品达到目标的过程中的体验行为，这种体验行为研究的是用户的主观心理与身体感受。

6.2 众创空间各功能区间家具配置特点

与构成众创空间的四个实体功能系统相对应，众创空间的家具也可以分为办公家具、洽谈休闲家具、展示家具、设备辅助家具四大类。本节针对众创空间功能系统分区下的功能需求，重点从形式、布局、装饰特点的角度分析各个功能区所应配置的家具。

6.2.1 工作功能区家具配置特点

6.2.1.1 办公区家具配置特点

办公区家具配置的总体特点是造型简洁、满足人体工程学、色彩适宜、便于交流等，办公区主要分为普通办公区和非正式办公区，这两种模式下的办公家具配置要合理，不能互相构成干扰甚至导致体验感降低。

（1）普通办公区。普通办公区应具备的家具及设备应包括办公桌、小推柜、办公椅、储藏柜、隔断柜、白板玻璃等，如图 6.6 所示。其中，众创空间的办公桌更适合选择如图 6.7 所示的通长办工作桌，这种形式的办公桌相对更加灵活，如初创团队可能会出现团队人数不确定、有时人多、有时人少的情况，由于没有绝对的个体划分，原本可以容纳 4 个人办公的长条桌在需要的时候可以容纳 5 个人；开敞通长的办公桌方便团队成员平等自由地交流，从而提高办公效率。不同的工作性质对于工位有不同的需求，如工程师长时间进行电脑编程工作，需要自己的工位能适应不同的工作姿态，可进行站立办公等；数据等团队对于显示屏有较多需求，需要更大的桌面面积放置等。因此，众创空间内的工位进行家具配置时应考虑到入驻团队的特殊需求，预留调整的余地。

图 6.6　普通办公区家具配置

工位办公桌的设计，应该更加关注细节的处理，从而体现人性化关怀，如图 6.7 所示，办公桌的屏风设置了很多凹槽，可以用来固定不同的储物小件，从而节省办公桌台面的使用空间。办公区一个应该格外注意的问题就是电源位置与走线方式。现代办公环境中，电话、电脑等电源线连接问题是很值得关注的，尤其是开放式办公环境，处理不好就会造成后期使用中电源线满地的混乱现象，还会因为共享式办公环境中工作人员因找不到电源插座而不去使用，使

图 6.7 办公区通长办公桌

消极空间出现隐患。因此，在施工设计阶段就应该规划好电源线暗装的问题，可在每一个桌面附近设置备用电源插座，以方便员工使用及日后维修。

（2）非正式办公区。非正式办公区是穿插在普通工位区之间，零散配置于边缘角落或通道的站立办公、高座办公或休闲办公等模式的办公区域。站立办公区多位于靠窗位置，配置长条的吧桌，也可以适当配置相应的吧凳。高座办公区是指座高较高的办公桌椅组合，多位于交通便利的位置，家具材料及造型可以更丰富、更具特色，一般会同时搭配灯光设计形成独具情调的区域。如图6.8所示，即为豌豆荚的非正式办公区，原木色切圆造型的高桌，灰色座面的椅子，与上方白色的球形灯相互呼应，营造了一种自然、轻松的氛围。休闲办公区的家具配置更加灵活，在色彩和材质的选择上可以更加自由，为相对单调

图 6.8 豌豆荚的非正式办公区

的普通办公区带来鲜亮的色彩和活泼的动感，同时也可以缓解长时间办公人员的视觉疲劳，如图 6.9 所示。非正式办公区布局配置最基本也是最重要的原则就是方便沟通与协作，但不能干扰普通工位区的正常工作交流。

图 6.9　休闲办公区

6.2.1.2　会议区家具配置特点

　　会议室是众创空间内具有多种不同功能形态的公共区域，不仅是团队会议讨论的主要场所，而且可以作为私密的会客空间，同时也是成员们团队建设活动、增进交流了解的绝佳场所。通常会议室按照使用功能分为大型会议室、普通会议室、面试交流会议室、个人电话会议室等几类。

　　会议室内应该配置的家具与设备主要有会议桌、椅子、文件柜、边柜、白板玻璃、投影、电视等，如图 6.10 所示。会议室家具配置设计时应该考虑好

图 6.10　会议室家具配置

流通空间，并适当增加备用椅子以满足会议的灵活性需求。有些多功能会议室需要额外满足研讨会、远程会议等功能，因此，除上述常用的设备外，应根据需要增加供教学、远程会议的设备。但会议室里并不一定都是方正的桌椅和投影，打造独具特色的会议室环境，可以有效增加办公趣味、促进思维创新。通过不同主题、不同形式、不同座椅排布的会议室环境都可以提高与会人的会议体验。

白板玻璃是进行高效的团队讨论、协作的重要手段。白板也有很多不同的形式，例如便宜的白板纸、方便可移动的白板架、耐用的玻璃白板，如图6.11所示。此外，会议室的磨砂贴也是可以用作白板的。

图 6.11　INWAY 白板玻璃上的分析流程

6.2.1.3　大讲堂区家具配置特点

众创空间的大讲堂区是一个占地面积较大、家具布局方式灵活、可容纳人数多的多功能综合空间。大讲堂区的布局形式主要包括两种：一种是以讲台（或舞台）为中心，围绕着讲台配置不同形式的可以灵活移动、叠放的座椅；另一种是以阶梯式高台作为观众席，更加随意，更具视觉冲击力，如图 6.12 所示。另外，在大讲堂区边角合适的位置可以配置水吧柜、边柜和辅助的休闲桌椅或沙发组合，丰富整个空间的功能，强化空间环境的层次。

如图 6.13 所示，即为位于红车库顶层的大讲堂报告厅，6m 的层高让可以同时容纳 200 人的大型报告厅从奢侈的构想转变为现实。它的中心为原木铺装的巨型台阶，在这里可举办一些大型的行业活动。

图 6.12 两种布局形式的大讲堂区

图 6.13 红车库大讲堂区

6.2.2 洽谈休闲功能区家具配置特点

洽谈休闲功能区设计的目的是使众创空间的成员们能够在工作之余放松身心，促进成员之间交流互动，根据布局形式可以分为集中型和零散型两种。

集中型洽谈休闲空间是集组合沙发、卡座、桌椅、零食柜、软体家具、绿植隔断柜、游戏设备、健身设备、零食售饭机等家具设备为一体的空间组成形式，如图 6.14 所示。所以它的规模、位置、空间内部形态都要灵活，要根据空间整体情况及人员需求情况具体进行设计。内部形态一般可分为半私密思考区、休息区、娱乐区。独立思考的空间通常是半私密性的空间，如图 6.15 所示，既要避免被干扰，又要便于联系。休息区配置沙发、桌椅组合、绿色植物等，如果一个小团队同时来休闲，这个空间就可以作为一个临时的非正式的会议场所，如图 6.16 所示。娱乐区即配置有游戏、健身设备的空间，是员工缓解工作压力，增添乐趣与情谊的重要场所，如图 6.17 所示。

图 6.14 集中型洽谈休闲区

图 6.15 半私密思考区

图 6.16 休息区

零散型洽谈休闲空间即为散布于空间中各个角落的具有休闲功能区域的总和，这类洽谈休闲区是众创空间内的点睛之笔，通过其组合呈现出来的造型、色彩、材质效果可以营造出明快、充满活力、适合年轻人热情洋溢地工作的创意空间。零散型洽谈空间的构成形式多样，不拘一格，可以是窗边角落的榻榻米式书吧，如图 6.18 所示，可以是窗边配置的一排多功能矮柜，如图 6.19 所示，也

图 6.17　娱乐区

可以是工作区角落的几只软体沙发的组合，如图 6.20 所示，还可以是通道边缘的机组休闲桌椅组合构成的空间，如图 6.21 所示。除以上列出的 4 种常见形式外，也可以根据具体空间结构设计产生新的零散型洽谈休闲区。

图 6.18　榻榻米书吧式洽谈休闲区　　　　图 6.19　窗边多功能柜式洽谈休闲区

图 6.20　软体沙发组合式洽谈休闲区　　　　图 6.21　桌椅组合式洽谈休闲区

6.2.3 交通系统功能区家具配置特点

6.2.3.1 通道区家具配置特点

通道区的主要功能是引导人流及展示，有时只有纯粹的通行功能，但又经常会产生与他人相遇、寒暄、交流、讨论等行为。从安全与通畅的角度考虑，通行空间应该是一个没有妨碍物、不阻挡行走的空间，所以通行空间使用的家具较少，一般在空间允许的条件下，应根据空间结构的特点及环境氛围配置相应风格的边桌、边柜，突出空间特色，如图6.22所示，也可以在通道两侧或电梯厅等合适的区域配置点睛的休闲

图6.22 通道区配置的水吧柜

家具组合以满足员工间非正式交流的需求，增加空间的层次感与活力，使整个空间环境更灵活，如图6.23所示。还可以在道路两旁放置长椅或储藏柜、书架等，方便过路人的临时交流以及丰富空间的储藏功能，如图6.24所示。

图6.23 通道区配置的休闲家具

图6.24 通道区配置的储藏家具

6.2.3.2 前厅区家具配置特点

众创空间的门厅不仅是一个提供公共活动场所的空间，也是一个突出空间设计理念与主题的地方。根据门厅的接待、休闲、等候等功能分析门厅区家具，可配置造型前台、接待椅、休闲等候沙发或桌椅组合等，如图6.25所示，同时根据空间主题需求，可以配置一些体现众创空间主体元素或入驻团队信息的展示装置，如图6.26所示。

图 6.25　门厅区家具配置

图 6.26　门厅区展示装置

6.2.4　服务设备功能区家具配置特点

服务辅助系统主要包括专业设备区、产品展示区、水吧、备餐就餐区、卫生间等，根据众创空间内入驻团队的工作性质的不同，每个众创空间的服务设备功能系统的组成也会不同。虽然服务设备功能区不在办公空间中占有主要地位，但同样是不可缺少的。每个空间中具体的家具形式应与其功能相对应，例如，储藏间应设计大量的柜类或层架类家具，并注意在设计上对储藏物品的分类进行引导，使人们下意识地对物品进行分类，方便之后的翻看查找。同时，不同的储藏区域应注意不同的功能附加需求。本节将对几类比较常见的服务设备功能区域的家具配置类型进行具体分析。

6.2.4.1　展示区家具配置特点

展示区域在侧重服务设备辅助系统的众创空间中出现较多。专业生产设备区的基本配置包括元器件储存柜、设备加工台、椅子等。如图 6.27 所示，即为上海蘑菇云创客空间的专业生产设备区，空间中的储藏空间能够保证加工工具、元器件、产品等物品能够有序存储。工作台类型有两种：单元式的工作台与整体式工作台。单元式工作台在提供操作台面的基础上还要具备存放加工设备和局部照明的功能；整体式工作台不仅可以作为工作台使用，同时也是一个团队互相交流、分享的会议空间。

图 6.27　上海蘑菇云创客空间的专业生产设备区

　　产品展示区最主要的目的就是将各个团队设计生产的产品以最直观的方式展示给参观者、投资者等，同时这也是项目团队间互相交流、切磋、迸发灵感的空间。这一类型的空间更适合选择开放式的储藏家具，例如架类展示家具、台式展示家具等，以便满足不同类型、大小、样式的产品展示需求，如图6.28 所示。

6.2.4.2　打印区家具配置特点

　　打印区是工作过程中经常会使用到的辅助工作区，因此在布局上应该靠近工作区，并根据空间的大小及办公人数确定打印区的规模与数目，在条件允许的情况下，可以配置隔断柜作为空间的软性分隔，同时尽量降低对工作区的干扰，如图 6.29 所示。打印区常见的配置包括打印机、扫描仪、打印台、文件柜等，根据众创空间的具体环境特点可以有相应的调整。

图 6.28　创客空间产品展示区　　　　　　图 6.29　打印区家具配置

6.2.4.3　水吧区家具配置特点

水吧区属于员工工作生活的基本服务区，应该配合整个众创空间室内结构环境及平面布局分散设置到空间中的各个角落，满足每个空间中的员工都能够方便到达并使用。水吧区应该具备饮水机、零食柜、橱柜、医药箱等生活必备设备与物品。水吧区的设计可以更靠近休闲洽谈区，并在选材与色彩方面与其呼应，呈现出品质舒适的状态，如图 6.30 所示。也可以简单到只有饮水机和矮柜，处于办公空间的间隙或通道的边缘，如图 6.31 所示。

图 6.30　水吧区家具配置

图 6.31　简单配置的水吧区

6.2.4.4　备餐就餐区家具配置特点

由于众创空间内入驻的创业团队很多，因此，备餐就餐区是众创空间内服务设备功能区中的一个重点区域。这个区域的空间构成和家具配置要根据众创空间的空间环境和成员们的需求共同决定。如果众创空间规模较大，可以设置一个如图 6.32 所示的除了就餐功能外还兼具着全员大会、多组分享会、休闲洽谈、办公等多种功能的餐厅。餐厅以木色家具、灰色地面、灰色砖墙、黑色钢管、深绿色窗帘为主调，营造一种具有咖啡店气氛同时可以满足就餐与办公两种需求的空间，加之错落放置的家具组合、绿植，形成灵活可变、既可以私密洽谈又可以会议的开敞的办公空间。

如果众创空间规模较小，根据创业者的人数或者需求可以选择不设置备餐区，也可以选择如图 6.33 所示的多功能备餐区。多功能备餐区只需要几张长条桌就可以满足众创空间内员工集体订餐、分餐的需求，并可以根据需求配置就餐所需要的家具及其设备，如地柜、壁橱、就餐桌椅、水池、咖啡机、微波炉、冰箱、垃圾箱、自动售饭机等。另外，可将这个区域设计成为一个多功能的游戏休闲区，在非就餐时段内备餐桌可以收到角落。

图 6.32 豌豆荚餐厅家具配置

图 6.33 创新工场备餐区家具配置

笔者将众创空间室内环境中各个功能系统、空间区域的家具配置情况加以总结，如表 6.1 所示，以便读者在需要时随时查阅。

表 6.1   众创空间各功能系统区域的家具配置表

功能区系统类别		配置家具
办公系统功能区	办公区	普通办公区：办公桌、小推柜、办公椅、储藏柜、隔断柜、白板玻璃等
		非正式办公区：吧台、高桌椅组合、休闲桌椅组合
	会议区	会议桌、椅子、文件柜、边柜、白板玻璃、投影、电视
	大讲堂区	演讲台、演讲桌、折叠座椅、阶梯式座位、水吧柜、边柜、辅助的休闲桌椅或沙发组合
洽谈休闲系统功能区	集中型	组合沙发、卡座、桌椅组合、零食柜、软体家具、绿植隔断柜、游戏设备、健身设备、零食售饭机等
	零散型	榻榻米式书吧、多功能矮柜、休闲桌椅组合、休闲沙发组合、软体沙发组合
交通系统功能区	通道	水平通道：边桌、边柜、休闲家具组合
		垂直通道：边桌、边柜、休闲家具组合
	门厅	前台、接待椅、休闲等候沙发或桌椅组合，主体元素或入驻团队信息的展示装置
服务设备系统功能区	专业生产设备区	储藏柜、加工台、椅子
	产品展示区	展架、展柜、洽谈桌椅
	水吧打印区	打印机、扫描仪、打印台、文件柜
	备餐就餐区	各种桌椅组合、长条桌、吧椅、工作台、地柜、壁橱、水池、咖啡机、微波炉、冰箱、垃圾桶、自动售饭机
	卫生间	无
视觉装饰系统功能区		无

6.3 众创空间死角区域家具设计与配置

结合建筑结构的特点与资料、案例调研，发现众创空间中还存在着一些特定的死角区域经常被人们忽略，如楼梯空间、承重柱结构、倾斜顶棚等。巧妙的装饰与家具设计，可以将这些死角区域变为渲染空间氛围的重要节点。但由于这些空间尺度不规则且对家具尺寸准确性要求较高，这些区域配置的家具一般采用现场制作的方式。

6.3.1 楼梯空间

楼梯使水平室内空间实现纵向贯通，是唯一可以同时体验垂直、水平空间转换的场所，同时楼梯的设计也是众创空间室内整体环境设计中的亮点所在。室内的楼梯按照平面布局的形式可以分为单跑楼梯、双跑楼梯以及螺旋楼梯。单跑楼梯不设中间平台，一般用于层高较小的建筑；双跑楼梯适合层高较高的建筑；螺旋楼梯平面呈圆形，通常中间设一根圆柱，用来悬挑支撑伞形踏步板，虽然螺旋楼梯构造复杂，但由于其流线型造型比较优美，故常用作观赏楼梯。为了增加楼梯死角区的利用率，营造温馨的情调与氛围，可以采用以下 3 种方式对楼梯死角区进行细节设计。

（1）收纳空间：通过在楼梯下方设置陈列架进行装饰，如图 6.34 所示，或在楼梯下部设置隔层，嵌入小型家具，如图 6.35 所示。

图 6.34　单跑楼梯与书柜结合　　　　图 6.35　楼梯下部矮柜的设置

（2）功能空间：单跑楼梯有较大的倾斜空间，因此，可以根据具体功能需求在楼梯下方设置水吧区、打印区等功能区，如图 6.36 所示。

（3）纯装饰：单跑楼梯亦有在楼梯下方设置花卉空间、照片墙展示，作为室内的装饰元素；悬空楼梯在当下也很流行，嵌入式踏板或结合螺旋形式给人以强烈的视觉冲击；灯光与楼梯结构相结合，具有一定的装饰性，可以带来感官上的新感受。

6.3.2 承重柱结构

建筑室内空间中都存在着很多间隔模数化的承重柱，但有时为了满足建筑

图 6.36　单跑楼梯与水吧柜的结合

独特造型的需求，在某些不规则部位也会出现承重柱。而在整体空间布局设计中，应该尽量保证空间的平整连贯性。根据承重柱之间位置关系，可以将相邻柱用轻体墙包裹起来，围合成一个新的功能空间作为库房或设备间等功能用房。也可以在承重柱之间，定制设计造型书架、植物架等家具，如图 6.37 所示，作为空间的软分隔，从而弱化承重柱对整体空间规律性的破坏，同时增加空间延伸的立体感。

图 6.37　包裹承重柱设置的展示区

6.3.3 倾斜顶棚

倾斜顶棚是指坡度大于 $15°$ 且小于 $90°$ 的屋顶。某些建筑造型由于自身的结构特点，会在顶层空间形成倾斜墙面或倾斜顶棚，这个角落一般不能完成满足正式办公的需求，但是这种不规则空间经设计可以改造成非常有情调的休闲洽谈空间或非正式办公空间，如图 6.38 所示，因此，应该将这部分空间充分利用起来。

图 6.38 倾斜空间非正式办公区

6.4 众创空间办公家具发展的趋势

随着现代办公模式不断变革发展，办公家具也随之不断更新。结合新型办公家具的特点与众创空间室内环境的功能需求，我们可对众创空间办公家具的发展趋势做以下展望。

6.4.1 家具模块化

家具模块化是将家具的结构尺寸标准化、模数化，使其具有高度及宽度的延伸性及搭配性，可应用于不同的需求，使家具适应各种空间配置与变化，以取得一致的空间风格或协调性。办公家具可以通过选择不同的模块及组合来满足不同的空间需求，同时可根据需求进行分解与重组配置。模块化设计能让家具随意变化，不断生成新的家具产品与家具组合，是增强办公空间灵活性的一个重要方法。

　　本节探讨的办公家具设计的模块化，并不是希望设计师通过非常明显的模块组合形成一个空间，换句话说，就是不建议将模块的重复化利用得过于单一，例如，蜂窝格式工位的规整排列就是一种相对于本节研究的办公家具而言失败的办公产品。实际上，大部分人对于过分明显的模块组合会产生排斥心理，没有人想要被拘束在一个又一个单元格中工作。在某种意义上讲，应用恰当的模块化家具设计与规划有助于办公空间应对不断变化与发展的需求，不会使人产生过时感。如图 6.39 所示，就是一个成功的办公家具模块化应用的案例，从整体上看起来家具的模块化规划显得不露痕迹，并且疏密有致，空间既不过于松散又不至于排列太过密集，并且可随时变换家具的排列组合形式来满足空间不断变化的使用需求。

图 6.39　办公家具在办公空间中的模块化应用

6.4.2　智能集成化

　　信息科技的发展正在逐渐改变着办公方式，在互联网时代，办公人员经常通过互联网终端来处理相关事务，办公家具智能化整合，实质上是将文本工作、信息电子工作和对外沟通工作等功能融为一体，利用智能技术的手段建立工作与设备之间的有效连接，并对设备进行嵌入式处理，形成具有独立结构的工作单元。智能化整合可从使家具上的某个部位既可以隐藏也可以展开，这样就可以选择独自办公、洽谈、会议、交互办公等不同模式，使办公过程中增加可选择性及乐趣，为办公带来便利，从而提高办公的效率。

智能化办公家具，是指利用微电子、通信技术、通信与网络、自动控制、IC 卡技术、计算机技术等，通过适宜的结构和接口，可模拟人的智能活动过程以及自动实现特定功能并与各子系统有机地结合在一起的办公家具产品。智能化办公家具作为控制办公家具的整体系统，从智能的角度来看，主要指的是硬件系统方面。与普通办公家具相比，智能化办公家具不单局限于家具本身的智能化功能，也应与周围环境相连通，为人们提供一个全面的、智能的办公环境，从而优化办公方式。

互联网的发展与智能化办公家具市场的扩大，对智能化办公家具的设计提出了新要求，从而形成了以下几个设计理念。

（1）人性化设计。办公人员都希望在一个舒适的环境中办公，这就要求设计师在设计时能够满足人的各种需求，不仅要考虑到作为单个个体的人，还要考虑到人与自然、社会等关系以及与此产生的问题。而人性化的核心就是充分注重使用者生理和心理以及人格的需要，使人的生活更加方便、舒适。

互联网时代下的人性化设计也在不断创新，现在计算机的重要性正在被智能手机以及平板电脑所取代，这便形成了多种不同的新坐姿，基于此，Steelcase 公司推出了一款名为 Gesture 的智能化办公椅，如图 6.40 所示。这把椅子不仅满足了人们在使用电脑时的需求，而且通过对 2000 多个不同办公人员的分析，提炼出 9 种在使用移动设备时的不同坐姿，椅身可以根据不同的坐姿来进行调整，从而达到支撑人体各个部位的目的。

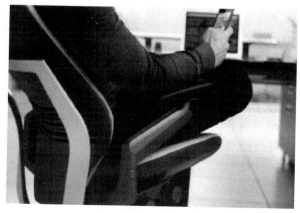

图 6.40　Gesture 智能办公椅

（2）技术融合。设计师们运用各种技术手段来设计产品，达到为我所用、物尽其用的效果。在设计智能化办公家具时，设计师们也会了解其他学科领域的新技术，像微电子技术、自动控制技术、通信与网络技术等，使办公人员以更高的效率、更舒适的体验获得信息。2014 年，美国的 Stir 公司就通过多种技术的融合推出了一款名为 Stir Kinetic Desk 的智能站立式办公桌，如图 6.41 所示。它有一个完整的电容式触摸屏，办公桌内则嵌套了一个名为"活跃模式"的程序。办公人员在使用这个程序时可以通过屏幕上的滑动手条来调节桌子的高度，此外，嵌套在桌子前面部分的传感器还能追踪办公人员的动作，记录办公人员站立了多久，坐了多久，转换了多少次以及消耗了多少卡路里。

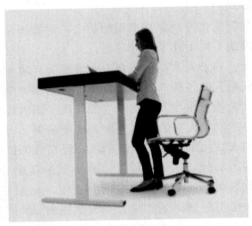

图 6.41　Stir Kinetic Desk 的智能站立式办公桌

（3）交互理念。交互设计亦可以称之为互动设计，即设计时应注意人和产品之间的互动，要考虑到用户的背景、使用经验以及在操作过程中的感受，从而设计符合最终用户的产品。

6.4.3　人文生态化

随着生活水平的逐渐提高，人们越来越关注自身的需求、情感和感受，对生活品质的要求也越来越高。而工作是生活中的一个重要组成部分，办公空间生活化有利于促成随时随地办公的状态，让每个成员都能够在办公室里轻松地沟通交流、吃东西，在愉悦的氛围里达成工作效能的提升，这样既可以实现不久坐而增进健康的生活工作方式，也可以高效率办公。家具配置的生活化体现在众创空间室内环境中开放式的办公位、洽谈沙发、走廊沙发、阶梯脚凳、咖啡室桌椅、游戏设施等。

低碳环保已逐渐成为全民共识，而办公家具更是与环境中人的生活息息相关，因此办公家具绿色生态化定是发展的大势所趋。绿色生态是指家具从设计、生产加工、使用、回收再利用整个生命周期中，材料、造型、结构、工艺等各个方面要满足节能环保、以人为本的原则。

6.5 本章小结

结合现代办公家具发展特点，本章总结了众创空间中家具设计与配置应满足的五大原则。从形式、布局、装饰特点等方面重点分析了工作功能区、洽谈休闲功能区、交通系统功能区以及服务设备功能区的家具设计及配置特点。同时关注了由于建筑结构造成的空间中的特定死角区域，并且介绍了如何通过家具设计及配置使其得到合理的运用。最后结合了众创空间室内环境的特点，归纳了众创空间家具设计的发展趋势，旨在为相关众创空间家具设计与配置提供参考。

第 7 章　基于城市设计思想的众创办公空间设计

　　办公空间是众创空间最重要的组成部分，也是创业者们为梦想而奋斗的战斗堡垒，办公空间的设计对众创空间影响重大。基于此，本章注重研究现代城市信息化视角下众创空间中的办公空间设计。与办公场所有限的室内空间相比而言，城市就像一个尺度巨大的无限空间。对于传统的办公空间设计来说，空间自身扮演的角色通常都是研究的重点。然而，随着企业对人的需求愈发关注、空间功能的复杂化、空间流线的繁杂交错，办公空间逐渐拥有趋向于城市的某些典型特征。在近期的建筑设计的研究中，产生了一种针对建筑综合体，在其中还原城市空间意象的新课题。办公空间正在不断地发展与创新，很多新型的办公模式逐渐兴起，发掘办公空间与城市空间的关联性，将城市化元素适当应用于办公空间的设计中是在借鉴城市与建筑关系的基础上创造的新设计潮流。

　　大部分创业者一天中行为活动所处时间最长的便是办公空间，办公空间的重要性可想而知，它逐渐成为创业者"家以外的另一个家"。借鉴城市设计的一些手法、引入城市空间的构成元素，甚至通过模拟真实的城市空间打造"办公城市。"在这个时代背景下已经是完全可行并且具有深远的意义。

　　第一，我们日常会长时间持续地处在办公空间中，甚至超过 9 个小时，中途并没有机会离开这个空间，就连午饭也都是在该空间中解决。既然只有越来越少的时间来感受这个我们生活的城市，何不让办公空间继承城市的场所精神，丰富其功能，使流线更加生动、空间更加系统化。第二，学科的交叉在现今的研究工作中成为一种普遍而又创新的方法，通过跨学科的理论对需要研究的理论进行说明与印证，不仅可以拓宽研究思路，还能够为研究带来新意。将办公空间比作微缩的城市是一种很有趣且充满深层含义的思考方式，将城市规划与城市设计的理论与方法带入办公空间及办公家具的设计中，也能得到新的研究思路和不同的设计策略，甚至有可能对办公空间及家具的设计带来一场大的变革。第三，打造"办公城市"就势必将办公空间与办公家具的研究联系起来，以往的办公家具的设计往往是脱离实际空间，只是纯粹为体现功能与造型，或是站在减缓使用者疲劳的角度进行思考，这两种研究固然重要，但在取得大量的研究成果后，使办公家具适应办公环境，进而改善办公环境的设计思路是一个更值得探讨的问题。因此，本章引入城市设计思想与城市空间构成元素，来研究"类城市化"的办公空间设计，并将办公家具与办公空间进行整体化设计研究。

7.1　办公空间与城市设计思想

7.1.1　办公空间国内外研究现状

7.1.1.1　办公空间国外研究现状

欧洲及北美等发达国家对办公空间进行研究较早，由于社会的进步与经济技术的发展，从工业革命之后就开始对工作环境不断重视起来，这促进了现今办公空间的良好发展态势，并为其研究提供了有力的理论依据。

在办公空间发展的各个时期，其关注的侧重点各有不同，现代办公空间正是经过一步一步地演变得到的产物。办公空间研究的发展从本质上讲是按照马斯洛的需求层次理论逐层进化的。人类的需求像阶梯一样从低到高按层次可以分为5种，分别是：生理需求、安全需求、社交需求、尊重需求和自我实现需求，不断达成进而不断被超越。真正意义上的办公空间的历史主要从20世纪开始，"科学管理之父"弗雷德里克·温斯洛·泰勒（Frederick Winslow Taylor，1856—1915）将工作过程分成一系列工序进行研究，以求发现很大程度提高工作效率的方法，出现了完全开放式的办公空间，坚持效率至上的原则，使员工只能通过办公活动满足自己的低层次需求。不过，这种极端的理性思想引发的"集中监视"的管理方式，由于缺乏人性进而受到了强烈的批判。20世纪50年代后，德国学者在对办公空间的功能进行分析之后，依据工作与交往流程对大空间的开放式办公进行大胆的宣战，提出在开放空间中设置工作单元的必要性，认为这样能有效提高办公效率。之后，开放式隔间在美国逐渐流行起来，瑞典也出现了单元办公与开放空间结合的状态，这种组合式的办公方式注重私密性与开放性的结合，关注个人隐私，尊重需求逐渐体现出来。20世纪90年代后，虚拟有效办公方式开始出现，员工变得自由，办公空间的研究注重于根据不同的工作任务与使用需求划分出多种不同的功能空间，员工不需要特定的办公室，而是拥有自己的办公场所，不固定上班地点与时间，采取选择性办公的方式。IBM 公司就曾为 800 名员工仅提供 180 个工位来弹性交替化地使用空间。

如今，办公空间的研究正在经历一个飞速变化的时期，设计已经不再纯粹以空间为主要研究对象，而是将更多的重点集中于空间中活动的人身上，满足其各种需求，从而最终激发其无限潜能与效率。其中，一种适应现代化创业企业的新兴办公方式——联合办公正在促使世界各地联合办公空间的兴起，它将不同公司或组织置于一个特别规划和设计的办公空间中，使其共享办公环境，彼此独立完成项目的同时，也可以和其他团队进行信息、知识、想法和技能的分享。绿色化的研究也越来越受到重视，日本的学者与设计师进行了大量办公系统绿色化方向的研究，主张将室外的绿色空间引入室内，推进办公空间的绿色化设计；北欧的设计师关注办公环境中的自然要素，例如自然采光、通风等，追求更加人性化的功能，并有建筑师将景观需求归为办公空间基本需求之一。

1992 年，沃克尔·哈特科普夫（Vollker Haakopf）带领的研究小组出版著作《未来的办公室设计》（Designing the Office of the Future），书中对智能化办公空间进行了探讨，强调将高科技应用于办公空间中，创造更好的办公环境。英国建筑师亚当·罗伯茨（Adam Robarts）主张将办公空间看作一个多功能的空间，从一个整体的空间中衍生出具有复杂多样的使用功能的空间区域，将办公与休闲娱乐结合起来。麻省理工学院（MIT）教授托马斯·艾伦（Thomas Allen）通过十多年的实验研究，证明工作群组或工作单元能促成合作的亲密感，是最有效的一种方式。西欧及日本等国家和地区先后举办新办公空间研讨会，通过会议探讨办公空间的新发展。国外有关办公空间方面的书籍，都不同程度地对办公空间中存在的问题和主要特点进行分析，玛丽莲·泽林斯基（Marilyn Zelinsky）在《新型办公空间设计》一书中抓住未来办公的特点，从办公场所的变化出发探讨了如何灵活的设计办公空间，使得工作更加高效。卡尔斯·布鲁托（Carles Broto）编著的《办公室设计手册》一书集成诸多不同类型办公空间的改造和新建项目，包含大量珍贵的参考案例，提供丰富的彩色图片，详细的插图、草图和平面图，以及分析透彻的文字说明，在为从业者提供灵感来源的同时，也对新型办公空间设计中所面临的挑战进行了深入研究。

7.1.1.2　办公空间国内研究现状

张景秋等编著的《城市办公空间》在系统阐述办公活动、办公空间和办公业相关理论与方法，以及应用研究现状的基础上，以北京为主体研究对象，从政务性办公空间发展和商务性办公空间集聚以及办公郊区化等方面，重点研究北京城市内部办公空间结构特征、空间联系强度等。汪耘编著的《办公环境设计》对办公室设计作了细致的分析，主要包括办公空间的规划布局、陈设设计等内容。国内部分学者对大量办公空间实际案例进行整理，以图册形式展示出来，如《国际最新室内设计——创意办公空间》一书收录最新、最前沿、最优秀的国际办公空间设计案例。收录作品涉及全球 40 多个国家及地区，每个案例均包含室内实景照片、施工图及平立面图、中英文双语案例说明。又如，《全球最新办公空间》精选了 40 个全球著名设计师最新设计的办公空间案例，在这些案例中，空间如何被有效利用，怎样体现空间的品质和树立高水准的视觉效果，如何营造出与企业相匹配的工作环境，深圳市创扬文化传播有限公司设计师都进行了整体策划。再者，一些硕博士学位论文和针对工程项目，以及自己的设计思考所撰写的学术期刊、论文从不同的角度研究办公空间的设计，如南京林业大学王旭光的《未来办公空间的研究》、大连理工大学王小惠的《办公建筑内部空间形态研究》、天津大学王鹏的《新型办公空间设计》以及福建工程学院李洋的《办公空间室内设计发展历史的回顾与启示》等，都对办公建筑内部空间进行了论述。

关于办公空间的实际情况的研究，我国的理论研究发展比较晚，20 世纪 70 年代末开放式办公空间经外资公司引入国内，当时空间中的人体尺寸与比例都照搬国外，但此后，我国室内设计与家具设计师借鉴国外的发展技术与模式，并结合我国基本情况对我国办公空间进行深入研究，取得了不错的成果。但仍有很多国内办公场所不注意室内环境与办公氛围的营造，不考虑人的需求，忽略了对新型办公结构的回应。另外，部分设计师仅仅盲目追求形式，并未从使用者的角度出发进行可行的设计，这都是我国办公空间当下存在的问题。

7.1.2　办公家具国内外研究现状

7.1.2.1　办公家具国外研究现状

欧洲与北美一些国家对办公家具的研究十分重视，研究也开展得较早，成果十分丰富。20 世纪早期，马歇·拉尤斯·布劳耶（Marcel Lajos Breuer，1902—1981）以 32cm 的模数推广办公家具，工业设计师吉尔伯特·罗德（Gilbert Rhode）致力于模数化办公家具的研究，以 15 个标准件构成 400 多不同形式的办公家具。乔治·尼尔森（George Nelson）创造"储藏墙"的概念，将家具建筑化，他设计的 L 形桌由台面与储藏单元组成，后来被称为工作站的模板。

美国的三大办公家具公司 Herman Miller、Steelcase 和 Haworth 引领了整个办公家具设计与研究的潮流，走在行业的先锋位置，在办公家具与办公空间关系、人与办公家具关系两方面都作了深入研究。Herman Miller 从诞生到现在已经从普通的家具设计公司升级为美国的家具设计与生产中心，该公司不断与世界著名设计师合作。在 20 世纪 60 年代，罗伯特·普罗普斯特（Robert Propst）经过 8 年的研究，创立世界第一个开放式的办公家具系统"行动式办公室"（Action Office），直到现在，很多传统办公企业仍在广泛采用这种开放式办公家具系统。1976 年 Herman Miller 公司生产的 Ergon 椅子，是结合人机工程学的相关研究应用于办公椅的设计中的新鲜尝试，后来该公司又革命性地设计出了 Aeron 网椅，被授予了号称人类环境改造最高荣誉的人机工程学优秀奖。到了 21 世纪，Herman Miller 公司的全球设计队伍研发了 Resolve 系统屏风，运用几何学知识营造了舒适的工作环境，既保证了一定的私密性又兼具开放性，使整个环境更加生动而富有乐趣。这些优秀的办公家具企业对办公家具做出了杰出的研究，主要体现在其对人际工程学及舒适度的巅峰要求与对环保的重视。Steelcase 公司则致力于在工作环境中，创造卓越高效的体验，该公司最初在美国创立时，被命名为"金属办公家具公司"。如今，该公司产品和解决方案涵盖办公环境的三大核心元素：室内结构、办公家具与精湛科技。

国外办公家具的理论研究也相当完善，例如《大都会》杂志（Metropolis Magazine）主编苏珊·施纳西（Susan Szenasy）出版的《办公家具》（Office Furniture）、埃德加·米勒（Edgar J. Miller）的《美式仿古办公家具——书桌指南，秘书和书柜，以及图片说明》（American Antique Office Furniture- A Guide to Desks，Secretaries and Bookcases，with Pictures and Descriptions）等。南希·希弗（Nancy N. Schiffer）在《诺尔家庭和办公家具》（Knoll Home & Office Furniture）一书中介绍了由世界著名的建筑师和家具设计师设计的超过560 个色彩丰富、实用的座椅、桌子、床及配件。总结了各大设计师，如路德维希·密斯·凡·德·罗（Ludwig Mies Van der Rohe，1886—1969）、詹斯·里索姆（Jens Risom，1916—2016）、佛罗伦斯·诺尔（Florence Knoll，1917—　）、埃罗·萨里宁（Eero Saarinen，1910—1961）和沃伦·普拉特纳（Warren Platner，1919—2006）等家具设计文档，包括造型、材料和尺寸方面的资料。

7.1.2.2　办公家具国内研究现状

由于我国特殊的历史原因，20 世纪前 50 年间我国办公家具的研究是非常匮乏的，90 年代末一些学者才开始总结研究近 100 年间办公家具的发展情况。

在书籍著作方面，倪良正在《办公家具资料图集》一书中结合我国办公家具的概况、各时期办公家具的专业特点、办公家具的分类以及空间尺度等知识点，用大量实际产品案例功能图，对家具产品设计以及相关空间尺度设计加以讲述，具有较高的实用性。许柏鸣在《办公家具设计精品解析》中总结了办公家具的发展历程，阐明了办公家具的设计依据、理念与相关实务性工作，并详细分析了经典办公家具的案例，选择数百例办公桌，洽谈和会议家具、办公收纳家具、办公椅精品，从设计的角度对其风格特点、使用功能、用料与结构等进行解析。

在期刊与学术论文方面，上海交通大学郑宇菲在《办公方式改变办公家具设计》一文中提出了办公家具的新思考，以及办公家具在未来的发展方向。南京理工大学张湛在《美国办公家具设计理念研究及实践》一文中阐述了办公家具的发展历史、办公家具的分类，以及办公家具在未来的发展趋势。

在实际案例设计方面，逐渐涌现出优秀的独立设计师与设计企业对办公家具的设计思考。朱小杰先生设计的午睡椅增加了办公椅躺卧的功能，休息时将椅背上部前层向外拉开，将靠背后仰，即可变成躺椅，再将折叠的遮蔽蓬拉开至靠头位置，便可安稳地眯上一觉。震旦家具公司则是对办公与生活进行研究，找到办公家具设计的另一个设计角度。

另外，关于办公家具国家编订了关于电脑桌（QB/T 4156—2010），屏风（GB/T 22792.1—2009，GB 22792.2—2008，GB/T 22792.3—2008），木制柜、架（20132597－T－607），阅览桌、椅、凳（20132598－T－607）等行业标准及国家标准。

7.1.3 城市与办公空间关系国内外研究现状

7.1.3.1 城市与办公空间关系国外研究现状

关于城市与办公空间的关系的国外研究最初是从办公建筑与城市关系入手的，建筑和城市存在千丝万缕的联系，内部空间又是建筑的主角，因此，从建筑与城市的关系着手是最基本的研究方向。建筑综合体是近年来的研究趋向，空间的多元组合在一定意义上与城市构成存在一种同构的关系，具有复合化功能的综合体建筑可以称作一个微型城市，相对而言，城市也可被看成是一个放大的建筑空间。由于日本自身的特点，其学者与设计师对这方面的研究颇具造诣，日本的《近代建筑》《新建筑》等杂志刊登了许多关于复合空间的理论与案例实践的探索性文章。荷兰著名建筑大师赫尔曼•赫茨伯格（Herman Hertzberg）对建筑与城市的研究也有独创性的见解，他在《空间与建筑师》一书中认为"建筑应被看作一个城市进行解读。不管是包容或者独立的空间，其公共空间与城市中的街道与广场都应该具有相同的内在特质，空间内部的街道与广场的结构和室内流线相符，人们在其理想的方向前行，各条道路交错相通，构成了一个综合化的丰富功能的建筑，并从本质上适应与辅助使用者的社会活动"。

简·雅各布斯（Jane Jacobs，1916—2006）是过去半个世纪中对美国乃至世界城市规划发展影响最大的人士之一，于 1961 年出版的《美国大城市的死与生》震撼了当时的美国规划界，而现在，人们也已习惯把该书的出版视作美国城市规划转向的重要标志。雅各布斯通过《美国大城市的死与生》，以纽约与芝加哥等美国大型城市举例，深入分析城市邻里空间，并对城市活力给予一种评估的基本标准，深度论述了城市结构的基本构成元素及其功效。从这样的研究中获得启发，部分国外研究工作者发现办公空间中的城市邻里关系，重视办公空间中与城市构成、社会形态的关系，逐渐展开将邻里空间引入办公空间的设计研究。英国的 DEGW 公司将城市中的社会现象融入办公场所中，分析公司组织结构和空间设计的相关联系，以空间的布局形式与隐藏的结构关系为重点，无疑是办公空间设计领域具有前瞻性的设计思路。

就设计案例而言，美国最大的广告设计公司之一的 TBWA/Chiat/Day 的总部以一个全新的出发点为设计构思，将设计主题定位为一个广告城市，欲营造出一种城市化的邻里办公环境。用多层次的"标志建筑"、不规则"天际线""中央公园"和清晰邻里分区等城市元素进行广告城市的表述。本质是将办公空间与城市空间直接与间接地构成联系，以设计手法充分反映空间中存在的潜在社会关系，带动空间的活力与工作效率。

7.1.3.2　城市与办公空间关系的国内研究现状

我国关于城市与办公建筑的研究相对较为丰富，主要是针对建筑与城市的相似性、高层建筑顶部空间、中庭与交往空间与城市设计的相关性进行研究。如清华大学王佐的《利用建筑与城市相似性的设计方法》、设计师刘文鼎的《建筑形象与城市印象——谈办公建筑的城市角色》和西安建筑科技大学连峰的《组群式高层建筑综合体设计模式探讨》等。

近些年也陆续有学者逐渐研究城市与办公空间，只是往往更注重建筑层面的表现。如哈尔滨工业大学刘勇在《办公建筑内部空间构成设计研究》中提到办公建筑内部空间与城市结构的对应关系，分析其构成要素。天津大学王鹏在《新型办公空间设计研究》中利用文章的一个小节将城市中的街区、邻里空间与办公空间联系起来，论述办公空间结构中的社会性表达，初步引入城市规划思想。大连理工大学梁岑在《城市外部空间构形手法对建筑复合空间设计的启示》一文中论述建筑复合空间的整合和城市构成手法的带入，以求创造更具生命力的建筑空间。

随着"大众创业、万众创新"思潮时代的到来，联合办公空间作为一种新的空间模式如雨后春笋般出现在我们的视野中，这种办公空间模式中强调的社区化，实际就是引入城市设计思想的另一种表现，也是我国办公空间设计领域借鉴国外优秀设计思想，并转化为自身优势的一种研究成果。

总而言之，国内虽有学者与设计师对办公空间的城市化进行研究，但是系统化的理论并没有成型，处于起步阶段，需要我们对其不断进行系统地补充与研究，为之后的设计思路带来无尽的灵感源泉与前瞻性的思考方式。

7.1.4 城市设计思想相关理论

城市设计从其诞生开始，外界就对其存在各不相同的表述与解释，其中不变的一点是，它的核心应该为城市空间的组织形式与形态表现，城市设计应该能够改善整个城市的质量，提高城市的品质。在城市设计的发展历程中，它的侧重点已从对物质空间转向为人与环境、人与人的互动，成为一种"策动"模式。这种模式正是办公空间中缺少并需要的。城市设计的研究内容及其与各学科间的关系，如图 7.1 所示。

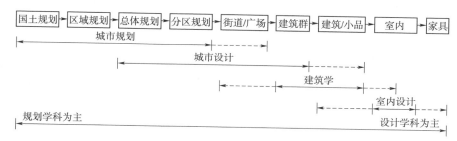

图 7.1 城市设计的研究内容及其与各学科间的关系

7.1.4.1 图底关系理论

图底关系理论来源美国罗杰·特兰西克（Roger Trancik）教授编著的《寻找失落空间》，他提出当下城市设计的研究方法理论主要为图底关系、联系理论与场所理论。图底关系理论研究的重点在于图底分析，即将建筑实体作为图，将开放空间作为底来研究二者的关联性，不仅将关注点集中在建筑本身进行研究，还对其所存在的空间进行深入分析。

图底分析是基于格式塔心理学理论，当我们的眼睛看到一张黑白图时，我们自然地将黑色部分看作图形或主体，将白色部分识别为模糊的背景，建立一个整体的形象，从而更清晰地辨别图形与背景的关系，提供一种更为形象的思维方式，也能更明确地限定空间的范围。在城市设计的图底分析中，建筑通常因为图像更为清晰、尺寸较大而成为人们产生知觉的对象，周围的模糊空间同时被忽略。关于图底关系图的作用，首先，它是一种量化数据的图像化表达，对于不懂规范没有"量"的形象思维的非专业人士来说，比文字和数字形式的数据更为友好、直观。其次，图底关系反映了城市空间形态最基本的结构要素，它有三层结构：实体、空间和边界。这是接下来做所有分析的三个基础要素，几乎所有的分析都可以叠在这三层结构上展开，最多再额外增加一种软实体：水和绿化。最后，图底关系明确地揭示了空间之间的一些基本逻辑关系，这也正是专业人士可以从图底关系中读出方案的设计思路是否明晰的原因。总而言之，空间的连续性、序列性、叙事性、功能性、关联度、私密和公共性、象征性等，都可以在图底关系上直观地体现出来。

7.1.4.2　联系理论

联系理论探究的是一种拓扑关系，它是研究线性规律的理论。在城市中这些线有交通流线、线性的共享空间和人们的视线，例如街道、视廊等，城市中的各种线将各个不同的区域联系在一起，使彼此间不是孤立存在的。基于联系理论的考察，能够更好地确定城市中的建筑区域与联系街道，保证一种合理的流线关系，从而达到流动形态的丰富生动性交织，塑造一个具有空间秩序的场所。

7.1.4.3　场所理论

场所理论实际表述的是一种类型关系，它把人的需求、文化、社会、自然等因素融入到空间的研究中，将一个空间升级为一个场所是将一个平面化的城市创造成一个三维立体的、具有实际感知、情感丰富的城市空间。20 世纪 50 年代，Team 10 提出了建筑和城市的人际结合的需求，认为单纯的物质功能分区与联系已不能满足城市发展的需要，而应将社会生活作为创造城市的重点，这实际上就是一种结合场所理论的新论点。日本著名的建筑大师芦原义信（1918—2003）对场所的另一种阐述，他认为"空间是通过物体本身与感知它的人之间存在的相互关系而形成的"。挪威建筑大师诺伯格·舒尔茨（Christian Norberg Schulz）认为场所与物理意义上的空间从根本上是不同的，它是空间与人的作用与反作用后产生复杂联系，有着积极意义的环境形式，场所具有其场所精神，不但存在实体的形式，还存在精神上的特殊意义。场所的产生依靠两个基本条件，即空间与场所活动。

图底关系理论、联系理论、场所理论是通过层层递进的关系探寻城市空间的构成形态要素、一定的构图关系以及空间氛围的营造，其关系如图 7.2 所示。

7.1.4.4　城市意象

城市意象是美国人本主义城市规划理论家凯文·林奇（Kevin Lynch, 1918—1984）以心理学为基础得出的城市空间格局的相关研究成果。他通过调研人们对城市空间的感受和评价，提出了城市意象的 5 个要素：道路、区域、边界、节点和标志，如图 7.3 所示。希望通过考虑城市本身的同时也考虑市民的感知，塑造一个清晰易辨的、具有愉悦心理感受的城市。

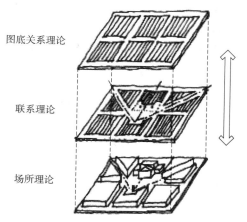

图 7.2　城市设计三种理论的关系

道路是城市感知意象的主体要素，具有强烈的导向性，指引人们从哪里来到哪里去。正如人们到一座新的城市，通过对城市中的道路认知来认识这座城市。因此，道路很多时候也能成为城市的特色景观。当在道路两旁布置一些特殊的宣传与景观元素时，道路就不仅仅具有导向性与方向感，又增加了它的可识别性和观赏性。

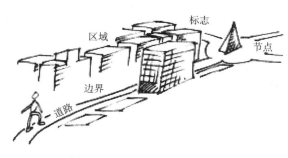

图 7.3　城市意象的 5 个要素

区域是指人们进入的一个相对较大的城市范围。当人们进入一个区域时，对该区域内的建筑、景观、居民生活等产生认识与印象，就会形成较强的"场域效应"，形成不同的城市感知意象。

边界是除道路以外城市中的另一个线性元素，它既可以对两个区域进行区分，也可以作为连接带沟通两个区域。

节点通常是两条及以上道路的交汇点或转折点，是连接一个区域与另一个区域的过渡空间，具有沟通、联系、衔接和过渡的作用。相对于其他城市意象来说，节点是一个比较宽泛的概念，它可能是一个广场，也可能是一个城市中心区，它是城市结构与功能的转换结。

标志是一座城市产生城市意象的参照物，体现了城市的独创与特殊性，在城市意象形成的过程中成为确定城市身份的线索。在整体环境中，标志是令人难以忘记的，往往最能代表一座城市，也就成为了人们对这座城市的记忆点与定位坐标。例如上海的东方明珠塔、台北的 101 大楼、巴塞罗那的圣家族大教堂，这些特定的城市意象元素在现实中往往相互交织、叠加。有时一个区域中会包含一些节点，而节点也通过边界限定，利用道路将其连接，在关键区域内会存在一个标志物。

7.2　众创办公空间的构成

7.2.1　众创办公空间构成要素

从功能角度考虑，众创办公空间内部的构成主要分为 4 个部分：①工作空间，包括工作区、会议区、开放讨论区等。②休闲空间，包括就餐空间、健身娱乐空间、导入空间中的等候空间等。③通行空间，包括过厅、走廊、楼梯、电梯等。④辅助空间，包括机房、后勤区、储藏间等。

7.2.1.1　工作空间

工作空间是整个办公空间的核心部分，它又包括业务空间与会议空间。公司的大部分正式活动，如内部员工的各类总结及项目会议与外部客户的面对面或电话洽谈会议、小组讨论、头脑风暴、个人独立工作、求职者面试等都会在不同的工作空间中完成。因此，整个工作系统需要包括会议室、固定工位以及其他形式的灵活办公区。我们可以通过研究工作的行为方式，分析一个完备的工作空间需要具备哪些确定的功能区域。工作行为方式主要分为独立工作、群组正式会议、团体自由研讨、一对一工作交流、电话或视频会议这几种形式。

功能区域的确立应该依据公司的主要工作行为。例如，互联网公司重视员工之间的交流与协作，因此，需要开放的工作空间，其间的固定工位普遍为开敞长桌的形式，相比传统的高隔板系统办公家具能大幅增加部门内协作与各部门之间的沟通，并配备随手可用的白板，供讨论使用。但是也应考虑不同部门之间不同形式工作空间的需要，例如，工程师或设计师长时间进行电脑编程或绘图工作，需要一个合适的工位来满足其适应不同工作姿态的要求，坐着与站立办公之间随意转换就是一种理想的解决方式。某些工作小组在独立工作之余需要进行几个人的交流活动，此时，在工作区的某些理想位置设置小型讨论交流区就成为一种必要方式。又例如，一些特殊的业务公司具有特殊的工作空间需求，如产品团队对于硬件实验室的需求，在线教育团队对于录音室的需求，用户体验设计师对于用户观察方面的需求等，如图 7.4 所示。

会议系统也是工作空间的重要组成部分，为办公活动提供更加隐私、舒适的交流，并且是展示公司整体品质的媒介。通常会议室分为大型会议室、普通

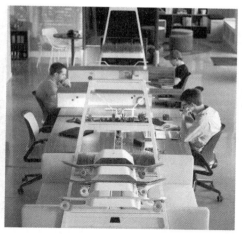

图 7.4 开放式工位

会议室、面试交流会议室、个人电话会议室等。对于数十人到一百多人的中型互联网公司来说，大型会议室主要用来进行如每周一次的全员会议，培训室或其他拓展功能；普通会议室用来进行日常会议，通常可容纳 8 人左右，部分可设置视频系统以应对远程会议与协作；面试或小型会议室通常为 2～4 人会议室，可设置圆桌，以提供适合交谈的空间气氛，可不设置投影装置。此外，也有如投资人会议等较为独特的会议室空间需求。虽然不同会议室的大小、形式不一，但对于经常需要头脑风暴的互联网公司来说，随手的白板、好用的投影设备接口都是必备的选项。会议室并不一定就是方正的桌椅和投影，打造独具特色的会议室环境，可以有效增加办公趣味、促进思维创新。通过不同主题、不同形式、不同座椅排布的会议室环境都能让员工有更加良好的会议体验，如图 7.5 所示。

总之，多样化的工作场所在办公空间中应该更加受到重视，它不仅可以为员工的协作、专注等不同工作状态要求提供环境支持，更能够提高员工幸福感，进而提高工作效率与敬业度。

7.2.1.2 休闲空间

休闲空间主要是人们进行交往活动，以及自我独处的一种空间类型。在传统办公空间中，它通常处于可有可无的状态，但在城市化的办公空间里，休闲空间已经与工作空间同等重要。它的形式多种多样，中庭空间、咖啡厅、图书馆、健身娱乐房、中心花园等都是休闲空间的一部分。休闲空间的内部行为方式主要有休憩、停留及观望，社交及娱乐活动，自由研讨，信息交流，独处这 5 种方式，这些行为活动会使空间中的气氛变得轻松、活泼，深层次解放员工的压抑感，心情得到放松。往往在随意的交谈中，更容易交流信息和发表个人

图 7.5　多样化的会议空间

观点，很多工作的成功经验和有价值的信息，就是在平时的交谈中得到的。同时，交谈是一个集思广益的过程，也是增加同事间感情的良好方法。独处时的安静环境，则更能激发个人的创造力与想象力，在思维的海洋中天马行空往往会有意想不到的灵感来源，它也能使人在处于情感低潮时，调节恢复自己的状态。这样的独处空间往往是一个小尺度的空间设施，通过某些结构遮蔽隐藏构成，或是通过顶层的小空间得以营造，如图 7.6 所示。

　　这种提高员工幸福感的空间在办公空间的设计中应该更加普及起来，并注意其设置的弹性化，使其最好能具备两种以上的功能，增加其空间利用率。美国匹兹堡的 Google 公司就利用一张织网形成的大型吊床打造了一个休闲区，如图 7.7 所示。既可以躺在上面静想冥思，又可以进行电脑办公及自由研讨等活动。泰国的三大电信公司之一的 Dtac 曼谷总部的一条室内健身跑道的设计也让人眼前一亮，如图 7.8 所示。它不仅使偌大的走廊空间活用了起来，更是休闲空间与通行空间结合的一个绝妙案例。

图 7.6 多种多样的休闲空间

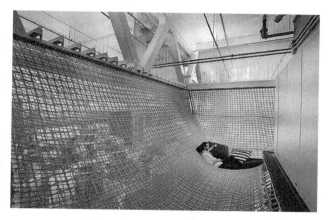

图 7.7 Google 公司的吊床空间

图 7.8 Dtac 曼谷总部的室内健身跑道

7.2.1.3　通行空间

通行空间主要包括平面内水平方向和剖面内垂直方向的通行空间，它又是整个办公空间的构成骨架。若把办公空间比作一座城市空间，通行空间则相当于城市中的街道，它的布置形式通常影响着空间的格局。

水平方向的通行空间主要表现为门厅、过厅和走廊通道；垂直方向的通行空间则主要为电梯、楼梯以及连接它们的空间。以往的通行空间往往只是具有交通上的功能，而越来越多的优秀办公空间案例，则是将通行空间赋予了其他的功能，如交往、娱乐、景观等，同样可以起到促进员工的非正式交流等作用，如上文的 Dtac 曼谷总部的室内健身跑道，将通行空间与健身空间巧妙结合起来，不仅提高空间利用率，更以简单的方式为员工的健身娱乐提供了场地支持。在通行空间中特别需要提到的是门厅这一空间，它是办公空间的导入空间，承担着内外的过渡转换的职能，应该是一个办公空间中起到标志性作用的关键要素。在此空间中可以产生不同性质的活动，如通行、等候、问讯等。具有交往功能的外向型的入口设计成为办公空间门厅的一大设计趋向，它既可以增加内部员工间的交流，又可以促进内外部空间及人员的交流，使整个办公空间更好地融入周围的环境中。

7.2.1.4　辅助空间

办公环境中的一些辅助空间，如机房、后勤区、储藏间等，对于办公活动的正常开展也是极为重要的。其中，机房是公司电子化办公方式的重要保障，大面积的办公空间甚至需要多个分机房。储藏间是公司文件、产品的储存区，在空间面积允许的情况下储藏间应该进行功能的分类，如将办公室物资储藏间、产品储藏间、档案室等分开设置，方便管理，也有一些设计公司将一些特殊的储藏间，如材料区设置为开放式空间，兼具储藏与展示的效果，如图 7.9 所示，英国室内设计公司 Laura Hammett 就是如此。

图 7.9　材料"图书馆"

7.2.2 众创办公空间构成形式

空间的特性往往通过空间的构成形态展现出来，每一个空间都有其外在的表现形式。置身于一个空间中时，空间的不同构成形式给我们带来对此空间的印象，告诉我们在此空间中应开展的活动，并产生特定的氛围营造。

7.2.2.1 静态空间与动态空间的形式

静态空间是一种稳定的空间形式，空间封闭、单一，视觉会被明确地牵引落在一个点或方位上。动态空间相对而言充满活力，界面具有流动性，是一个相对开放的空间，视觉牵引则更具动态性，往往处在从一点向另一点转移的状态，解构主义思想所代表的跌落、滑动、不安定的空间效果正是动态空间，所崇尚的是通过打破秩序来构建更加合理与有效的秩序。

工作空间与休闲空间在某种程度上进行界定时，就是截然不同的两种空间类型，工作空间更偏向于静态，休闲空间则偏向于动态。然而在空间中应该尽量避免一种空间的孤立组合，工作空间虽然需要专注与静心，但办公空间中也需要在工作区域融入小范围的适宜自由讨论的区域，在严肃与轻松活泼的工作状态中起到调节转换作用，如图 7.10 所示。

图 7.10 工作空间中"静中有动"

静态与动态的空间构成，主要通过空间界面的图案、形状、肌理、灯饰或自然光线，家具及陈设来塑造。空间的界面，实际上是指空间的围合面，包括天、地、墙。不同的界面处理形式能够营造不同空间的氛围，连续的曲线造型能自然引导人的视线和行为，流动且没有阻隔性，而简单的直线图案则容易将人的视线引导至末点，若遇到拐角则会受到阻隔。灯饰与自然光线则是利用光来创造所需的光环境，不仅能营造气氛，也能加强空间关系，包括纵深感与动静态效果，如图 7.11 所示。著名日本建筑师安藤忠雄对光就有特别的偏爱，如痴如醉地对光进行解读探索，可以说是一位不折不扣的光影魔术师，他的代表性设计手法是运用单纯的混凝土材料创造大面积的强烈明暗对比，以此产生富有动感的光影变化，特别是用黑暗来反衬光的方式突出了场所的特殊价值与意义，如图 7.12 所示。

图 7.11　光的空间关系

图 7.12　安藤忠雄作品——光之教堂

7.2.2.2　开敞空间与封闭空间的形式

开敞空间具有流动性，且灵活性强，能提供更宽广的视野；封闭空间较为凝滞，更具私密性。围合程度决定着空间的开敞与封闭性，往往是根据公司的工作特点与性质选择开放与封闭空间的组合形式。

平面上，将空间的四周封闭便可通过围合形成一个封闭空间。围合程度越低则对外的开放界面就会越大，所受干扰便会越大，心理安全感会有所降低，将会直接或间接导致人们参与交流的意愿降低；而围合程度越高则相应的对外开放界面就越小，人更能掌控内部的事物，形成较强的心理安全感，将会使人们停下来去交流的意愿变强。平面围合与外部空间的关系见表 7.1。

表 7.1　　　　　　　　　　　　　平面围合与外部空间的关系

围合程度	示意图	影　响	是否利于交流
弱围合		围合程度较低，但与外部空间的联系性较强	否
部分围合		围合程度较高，与外部有局部的交融趋势	是
强围合		围合程度较高，与外部空间分割较明显，易于做出区别	是

　　立面上，围合形成的空间为三维空间，空间内部的间距（D）与空间高度（H）之比对开敞与封闭性有很大的关系。对最小围合与部分围合而言，围合程度相对全围合较低，视野开阔，但空间界限也是较为明显的，对外的开放界面较大，处于其中的人既可以对内部的事情更好地把握，又能保持对外部事物的一些联系，增强了心理安全感，有利于交流活动的进行；对全围合而言，围合程度最高，视野受到了明显的局限，缺乏对外界事物一定的空间感知机会，从而降低了心理安全感，不利于现场交流动态的持续，很少有人会选择停下来展开长时间的沟通交流。立面围合与外部空间的关系见表 7.2。

表 7.2　　　　　　　　　　　　　立面围合与外部空间的关系

围合程度	示意图	影　响	是否利于交流
最小围合 （$D/H=3$）		围合墙体较低，有助于观察空间整体与外部空间之间的关系	是
部分围合 （$D/H=2$）		比例适中，有助于观察围合空间和围合物体的关系，能够把握整体关系	是
全围合		人的视觉范围基本停留在底层的位置，有助于观察围合物体的细部	否

7.2.2.3　层次空间形式

美国现代建筑师路易斯·康（Louis Isadore Kahn，1901—1974）曾这样描述层次空间形式——空间中的空间（Space within space），现代建筑和室内空间中的层次感使整个空间变得有趣而魅力十足。办公空间内部界面不是一个不可分割的版块，表面之间彼此连接，地势上高地错落，功能彼此分离，因此，它出现的变化的多级性质，这是一个不可避免的现象，它使过渡内部空间具有丰富层次与渐进感，例如山川河流高低起伏、层压错位一样。因而现代建筑应该循坡就势，物尽其用，使其符合审美与功能使用要求。

美国华盛顿的西雅图研究所就是一种层次空间的表现形式，在空间中包括湿实验室和干实验室、一个数据中心、礼堂、中庭和协作工作空间。设计师将每个实验室与工作空间高低错落地设计得像花瓣；围绕着一个大型的阳光充沛的中央庭院；这种效果就像在蜂箱里，研究人员在里面可以看到彼此在做什么，这样布局使空间更具协作性，灵活且透明。办公室、开放空间和相互间的楼梯能够让员工之间经常相遇，形成互动，同时也帮助了社区的建设。那些在隐蔽角落的实验室都做成了透明的，可以通过外墙上的多孔材料和金属玻璃从外面看到里面，如图 7.13 和图 7.14 所示。

图 7.13　西雅图研究所室内环境

7.2.2.4　模糊空间形式

模糊空间没有明确的界定范围与固定的边界，只是混合和模糊的限定。在空间中的位置经常很难确定，常处于两个部分之间的空间，可能属于这一个，也可能是另一个，从而形成模糊性和不确定性，耐人寻味。模糊空间展示的相融、渗透及动态的形态产生了富有生命力的办公空间效果，塑造了变化与活力的空间氛围，模糊性是事物的普适性发展规律和正常需要。

"室内空间室外化"这一设计理念倾向是模糊性空间的典型例证，对办公空间而言，绿色设计不再被拒之门外。绿色植物也不再是被简单马虎地随意放

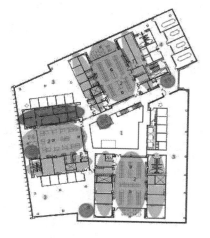
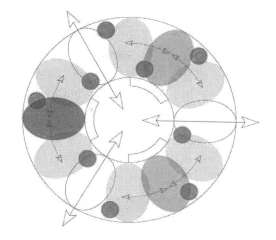

（a）标准层平面图 （b）气泡示意图

图 7.14 西雅图研究所平面图

置，空间尽量增加绿化区域，真正将绿色空间作为有价值的一部分考虑，空间内部和外部的界限变得愈加模糊，如图 7.15 所示。

图 7.15 办公空间的室外化模糊性表达

7.2.3 众创办公空间构成方法

7.2.3.1 空间限定

室内设计过程中，如何构成空间、限定空间是设计的基础，也是设计需要考虑的一般方法，这个过程就是在原有空间进行拓扑手法的划分，从而限定出另一个或多个空间，一般采用以下 6 种方法。

（1）设立。设立形成的空间不会具有清晰的形状和尺度，但通过实体形态来产生对周围空间协同作用，以及对空间的占有。它是内部空间建立的最简单的形式。这只是一种视觉心理的设置，将不会被划分成特定空间的一部分。设立和其他空间限定形式比较，建立了一个实体形态的形式，具有很强的积极性，它们的形状、尺度、色彩等都可以影响设立的空间范围。在办公空间中设立通常可以通过家具、陈设、景观、灯饰等达成。

（2）围合。围合构成的内部与外部空间，以不同的形态特征包围产生。全围合相对封闭，这样才能形成包容性强的感觉和中心感，在其中的工作人员会被包围的空间激发安全感，私密性强，当围合的面开口变大时，这里产生一个虚面，更适合内外空间的相互交流与两个空间的共融。办公空间中用于围合的元素很多，常用的为家具、绿植以及各种形式隔断。其质感、肌理、透明程度、高低、疏密等的不同，形成的空间感觉也大不相同，如图 7.16 所示。

图 7.16　围合形成的不同空间感

（3）覆盖。覆盖形成的空间，内部和外部的区分点在于内部空间是由顶界面覆盖着的，由此构成一个新的空间。覆盖的元素作为一个抽象的形式，应该是飘浮于空间中，但由于技术层面一般采用的是从上方悬挂或者从下方支撑的办法。覆盖界定的空间并不是明确、清晰的。有时由于空间过高，避免失去亲近感，常用覆盖的方法来限定空间；有时由于空间过小，利用围合构建空间会使空间在视觉效果上变得更加狭小，往往会采用覆盖的方式，在划分出空间的同时，以一种相对模糊的形式弱化边界，不会使空间感觉更小。

（4）凸起。使部分地面高于周围空间地面，即凸起形成一个确定的空间，是一种常用的空间限定方法。当一个空间中不断地重复性凸起时，凸起反倒只能成为一种很弱的限定空间的方式，但这种高低起伏的变化，对于营造一个充满活力的动态空间是一种不错的方式。由于凸起具有强调、展示的效果，也有区分不同活动的意味，在办公空间的设计中，我们可以将以凸起构成的空间设置在一个较为开放的环境中，例如一个凸起的小型讨论区，或一处绿地式的游戏空间，处于高低不同的平面上的行为活动则会有一定的区分，如图 7.17 所示。

图 7.17　通过凸起的高差划分活动空间

（5）下沉。下沉这种空间限定方式与凸起对应，并且它们的性质与作用基本一致。位于周围空间的人观察下沉空间时会有一种居高临下的感觉，能够明晰空间中的行为活动，同时，下沉的空间相比凸起空间少了几分强调与表现性，能更好地营造一种安逸的、舒适的、不被外人打扰的氛围，更容易被人接受。当员工想要做一个较私密性的小组讨论或私人聊天时，或许更倾向于选择下沉空间，如图 7.18 所示。

图 7.18　通过下沉的高差划分活动空间

（6）架空。通过架空形成新空间与运用凸起这种方法构成空间有一定的类似性，但架空这一手法使原始地面获得了解放，且不论是在其下方还是上方都构建了一个新的限定空间，下部的辅助空间的界限范围被明确肯定。在办公空间中，夹层就是使用这一手法的经典的例子。现在流行的集装箱运用于办公空间室内设计的案例，是针对高挑高的空间，利用架空的手法，打造新的功能区域，如图 7.19 所示。

图 7.19　利用集装箱架空生成新空间

通过以上六种方法限定新空间，由于限定元素本身有着不一样的特点，再加上组合方式上的变化，所形成空间的限定感千差万别，也就产生了富于变化的空间形式，其限定感可由"限定度"予以区别、比较。限定元素基本性质与限定度强弱关系见表 7.3。

表 7.3　　　　　　　　　　限定元素基本性质与限定度强弱关系

限定度强时的限定元素的性质	限定度弱时的限定元素的性质
高度较高	高度较低
宽度较宽	宽度较窄
为向心形状	为离心形状
封闭性强	开放性强
移动困难	易于移动
与人距离较近	与人距离较远
视线通过度低	视线通过度高

7.2.3.2　空间组合

办公空间是由多个空间组合而成的，在此，将重点分析空间与空间如何组合形成连续的有机整体。

（1）两个空间的组合。两个空间的组合主要有两种方式：互锁与包容。互锁指的是两个空间彼此有相互重叠的区域，但互锁会根据两个空间是否共享重叠区域分为共享与主次空间的形式。主次是指在互锁时，有一个主空间，主空间的形状是完整的，次空间却成为从属空间，并成为减缺形。两个空间通过包容的方式组合时，大空间将小空间包容进来。若要增加空间的趣味性，小空间可以与大空间形状不同，或是以偏移与旋转的方式产生动态感觉，富于变化。

（2）多个空间的组合。多个空间进行组合主要表现形式有集中式、线式、辐射式、组团式、网格式等。这些不同的形式分别适用于不同性质与不同形态的办公空间中，但在一个空间中可以综合运用多种组合形式。

集中式组合是一种向心式的平面构成方式，多个次空间围绕主空间形成，主空间在尺寸上要大到将次空间集结在四周，而次空间则形成两轴或多轴对称的方式；线式组合是各空间沿着轴线串联组合而成，它的特征是长，有一种方向指引性，表现延伸、增长感；辐射式组合由一个主空间和向外辐射扩展的次空间所构成，它是向外辐射延展的；组团的方式，在一般情况下是通过不断重复的空间形式达成，但尺寸形状可稍作改变，通过紧密的连接或一些视觉手段建立联系；网格式组合其实就是多组平行线相交，形成一个个网格，之后投影成三维空间，也可在三维空间上进行重复叠加或削减，如图 7.20 所示。

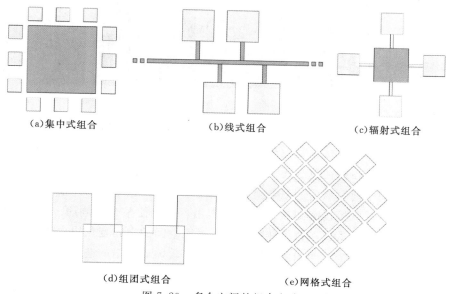

(a)集中式组合　　　　　　(b)线式组合　　　　　　(c)辐射式组合

(d)组团式组合　　　　　　(e)网格式组合

图 7.20　多个空间的组合方式

7.2.3.3 空间衔接

在办公空间的空间组合设计时，相邻空间的过渡设计就如同文章的标点符号，使整个空间有分隔，并体现各种各样的感情色彩。空间的衔接过渡的典型方式一般为以下两种。

（1）直接过渡。这是采用空间的直接分隔来表现空间的连接。主要可通过承重构件、非承重构件、家具与装饰以及其他分隔手段，如光、颜色、肌理改变和材质更替等进行分隔；常见的非承重构件，包括物件的重复组合、轻隔断、活动隔断、玻璃隔断和纱布围帘等。

隔断的虚实、高矮决定着空间的分隔强度：强分隔一般是不透明的或高于人体高度的实隔断，弱分隔则是透明、半透明的或低于人体腰部的虚隔断，被弱隔断分隔开的两个部分仍会有很强的连通性。在开放的办公空间中家具与装饰构件，成为空间愈发重要的分隔衔接方式，可通过屏风、矮柜、椅凳等家具灵活地划分空间，产生一种流通、渗透的空间感觉。光是一种奇妙的空间衔接要素，很多建筑师都喜欢运用光来创造空间，形成一个虚空间。色彩与材料肌理的改变也是一种划分特定空间的常用手法，尤其是天、地、墙3个临界面的色彩与肌理的交替变化，往往能做出很好的衔接限定，如图7.21所示。

图 7.21 材质、颜色、肌理对空间的衔接

（2）间接过渡。这种方式一般将过渡空间穿插在两个被连接的空间中，以此对空间进行过渡衔接，其效果不同于直接过渡带来的较为平铺直叙或者过于跳跃的空间感受，往往更为柔和，带有更丰富的功能性。

办公空间中前台与内部主要空间往往通过一个休息等候区连接，在有访客来访时，等候区既可以起到接待访客的作用，又能使整个空间有一个过渡性，从入口到内部不会太过一目了然。另外，过渡空间的空间变化层次感能增强空间的效果，如在两个空间中间设置一个较小、较矮或较暗的空间，使人在其中行走经历从大到小，再由小及大；或由高而低，再由低至高；又或从明到暗，再由暗而明等变化过程，以此增强空间的感官效果，给人留下更为深刻的印象。通常这样的变化也能有功能分区的用途，动态与静态空间的中部需要一个过渡区域进行连接，且过渡区域与两个主体空间产生一定的对比。虽然这样的过渡空间可以产生奇妙的空间效果，也具备一定的功能要求，但切不可一味地追求过渡空间的插入而破坏了整体空间的完整性，巧妙地穿插是设计必须注意的，如图 7.22 所示。

图 7.22 过渡空间的夸张变化

7.3 众创办公空间城市化设计的原则与方法

众创办公空间的类城市化设计，实际上是站在办公空间形式与氛围的角度来思考的，它是一种传统向新型变化过程中的设计思维与设计重点的转变。本小节在总结前面各小节的基础上，结合办公空间设计领域最前沿的、具有典型特征的优秀国内外设计案例，通过全面分析思考，总结城市化办公空间应体现的主要特点，进而提出办公空间类城市化的设计原则与方法，从而完善设计框架的构建，探讨城市设计思想对于众创办公空间设计的意义。

7.3.1 城市与众创办公空间理论关系

在城市的发展过程中，随着道路交通的不断增加完善，城市空间被划分成无数板块，促使了城市的无限扩大。城市设计是对城市空间的优化，是对理想空间形态的描绘，主要目的是描绘了一个理想的空间结果。这个理想的结果包括适宜人的街道尺度、体贴好用的景观细节、统一的建筑风貌和连续的公园体系，等等。总体城市设计可以对整个城市的景观结构、建筑的高度风格进行把控，理论的发展使城市设计不断生长枝丫，其关注点与研究已经不止是空间，而是转向了人，转向了对人的空间使用的理解。

在办公空间的发展历程中，空间的优化趋势，室内外元素的逐渐界限模糊，功能的极大丰富，都使办公空间往一个不断完善甚至是错综复杂的状态发展，就像是在有限的室内空间中将相对无限的、支持丰富多彩的活动的外部空间还原到一个微型的"拟态城市"。不同于以往传统的办公空间设计，城市化办公空间的设计在营造一个"拟态城市"时越来越多地用到城市空间要素，如共享空间的广场化表达。并同城市设计的发展相似，办公空间设计最后的关注落脚点都从空间和空间中的物件转向了人，人的需求和人的理解成为设计的导向因素。

办公空间逐渐呈现了复合化城市的特点。第一，外部和内部空间关联度下降。随着办公空间的不断扩大，现代建筑理论追求的内部空间的功能与结构同外部一致，逐渐显示出了明显的弱化趋势。办公空间成为一个独立整体，能随心所欲地表现出自己的特点。有时即便在安静平和的外表下还可以容纳各种形式的"山川河流"，多种形式的出现促使空间特点往城市性转变。第二，随着城市的发展，建筑体量不断增大，建筑内部空间各部分之间的距离随之变大，因此，办公空间出现类似于城市的一些空间形式。

大体量的办公空间相对于传统的办公空间而言，形式更为复杂，这种复杂性促进了室内空间室外化，外部空间的特性融入到内部空间中，内部空间继承了外部空间的丰富场所感，使功能和空间、流线彼此结合。

此时，办公空间与城市空间就可以被当作同一种空间模式来思考，办公空间就像是一座浓缩的城市，由导入空间（城市入口）开始，通过交通空间（街道）将工作空间（区域）与休闲空间（城市广场）等联系组合在一起，搭建出一个形式框架，再从场所精神层面营造整个空间的文化内涵、风格风貌等。

7.3.1.1　图底理论——城市与众创办公空间的形态关系

上文介绍了经历时代发展的办公空间与城市空间的相似性，那么结合绪论中分析的城市规划中常用的图底理论，我们便可以通过办公空间的平面黑白填色图与城市图底关系图，看出其形态特征的相似性，图底关系图明确地揭示了空间之间的一些基本逻辑关系。办公空间与城市空间最基本的结构要素大多分为三层结构：实体、空间和边界，从这两种图底关系图中也能清楚地读出空间的设计思路，直观体现空间的连续性、叙事性、功能性、关联度、私密性、象征性等。从某一特定角度来看，办公空间就是城市空间的另一种缩影，同时它会表现出开放性与复合性。

在模式与结构上，城市空间与办公空间都具有一定的形态对应关系。在办公空间中，城市空间的形态特征也有某些方面的表现，例如，TBWA/Chiat/Day 广告公司在设计初始阶段，便以"广告城市"为设计构想，通过各种各样的方式将社区邻里关系表现出来，模拟真实城市空间，在整个办公空间的中部设置"中央公园"，以求打造成一个城市公园的形象，供员工休憩放松或沟通交流，如图7.23所示。

图7.23　TBWA/Chiat/Day广告公司的中央公园

日本建筑家芦原义信评价城市的空间构成为"城墙内部形成了具有一个大建筑般内部秩序的街道"，既然城市可以被看作具有建筑般秩序的外部空间，那二者在形态上并不是相互独立，使用者在这两种空间中有着相类似的心理需求，具有一定的形态关系。

7.3.1.2　场所理论——城市与众创办公空间的场所精神

场所理论是把对人的需求、文化、社会和自然等研究加入到对城市空间的研究中的理论，此时，空间升级为场所，将自然、人造环境与人三者有机融合，使其成为具有特殊精神的统一的整体。场所将人的行为与空间的关系作为关注重点，不仅要考虑空间的形态，更要包含社会、文化、人性、历史等需求，它是具有特殊风格的空间形式，由此形成的场所感是与其他城市的整体氛围进行区分的综合性气氛，又常被称作"场所精神"。空间可以分为积极的空间与消极的空间。而场所在定义时就设定了其积极、活力、健康、富有生命力的一面，促进人们的交往，满足人们的活动需求。城市的场所精神主要通过文脉与多样性空间可以分为积极的空间与消极的空间。场所精神的营造目的是体现一个城市特有的辨识度、可达性、生机与活力。

城市空间与办公空间都是有生命的，都有潜在的精神，空间的使命就是将这种精神表现出来，不论是城市空间还是办公空间，其设计的最终目的就是要体现其需要符合的场所精神。例如，北京精神蕴含在8个字中：爱国、创新、包容、厚德，这在某种层面上只是一个城市市民需要具备的一种精神，但从另一个层面来讲也反映了这个城市空间所表现出来的氛围，它是一个包容的城市，也是一个创新的城市，城市通过不断变化更新的规划设计强调城市精神，2011年"大栅栏更新计划"启动，这是基于微循环改造的旧城城市有机更新计划，通过政府与城市规划师、建筑师、艺术家、设计师的合作探索并实践历史文化街区城市有机更新的新模式。通过节点簇式改造，产生网络化触发效应，尊重现有胡同的肌理和风貌，灵活地利用空间，实现"本地居民商家合作共建、社会资源共同参与"的主动改造，将大栅栏转变为一个传统与复兴、新居民与老住户和谐共荣的新社区，并在改造的过程中不断更新、混合，恢复其原有的繁荣面貌。杨梅竹斜街的复兴与再生是这一计划代表性的成功点，成功保存了大栅栏丰厚的城市记忆与历史文脉，既融合了新居民与原居民的生活，又将创新、艺术空间引入其中，将逐渐衰退的老城区得到了活力的激发。通过对城市空间的更新与改造，城市的场所精神、城市文脉都得到了很好的突出与传承，如图 7.24 所示。

图 7.24　大栅栏改造计划

　　一个公司的企业文化也是通过空间的场所营造来表现，美国著名的社交网站 Facebook 是一个年轻的团队，他们的企业文化并不墨守成规，而是敢于创新的、自由的、开放的，Facebook 希望员工拥有强烈的主人翁意识，没有森严的等级制度。因此，他们通过开放工作区，各式各样的娱乐健身空间，包括游戏室、乒乓球室、健身房等，有趣的涂鸦等元素来体现自己的企业文化，如图 7.25 所示。

图 7.25　Facebook 自由开放的场所精神的营造

7.3.2　城市空间与办公空间互通关系

7.3.2.1　城市空间主要构成要素

在家和办公室之外存在公共社交空间这个想法已经存在了几个世纪，但是直到美国社会学家雷·奥尔登堡（Ray Oldenburg，1932— 　）在 1989 年出版的著作《绝佳的地方》（The Great Good Place）中充分考察了这一现象，从城市与社会的研究角度，才提出了城市中第一空间、第二空间与第三空间的概念。在他看来，城市由以家为形式供居住的第一空间，工作场所的第二空间以及非正式的公共场所的第三空间，如花园、咖啡馆、广场、街道等构成。在他提出第三空间的概念时，他解释说这个空间是所有人都喜欢的，不会排斥不同阶层的人，主要的行为活动就是交流、表现、娱乐和信息共享。第三空间更像是人类的第二个家，一个远离家的家，通常会有一些常客，在温馨、开放、和谐的环境中，人与人之间的气氛更加和谐，第三空间是城市社会性的集中表现。在雷·奥尔登堡的研究中，他实际上是想要强调第三空间的重要性。

前面介绍的城市意象 5 个要素，则是以心理学为基础对城市空间构成要素的研究成果。道路是城市感知意象的主体要素，具有强烈的导向性，人们初到一个新的城市时，也是通过对城市中道路的认知来认识这座城市的。区域是人们进入的一个相对较大的城市范围，不同的区域会有其自有的场域效应，形成不同的城市感知意象。边界是对两个区域进行区分，也可以作为连接带沟通两个区域。节点通常是两条及以上道路的交会点或转折点，是连接一个区域与另一个区域的过渡空间，具有沟通、联系、衔接和过渡的作用。它可以是一个广场，也可以是一个转角空间。这些特定的城市意象元素在现实中往往相互交织、叠加。有时一个区域中会包含一些节点，而节点也通过边界限定，利用道路将其连接，在关键的区域内会存在一个标志物。总之，在设计一座城市时，可以通过对其特色的城市意象进行研究，塑造城市的环境特色。

　　本节从城市意象 5 个要素并融合雷·奥尔登堡的第三空间的概念来研究城市化办公空间与城市空间中主要构成要素的关系，探讨办公空间城市化的思路是否适用于众创办公空间的设计。

7.3.2.2　办公空间与城市空间的对应关系

　　通过对办公空间的主要构成要素进行分析，以功能需求为导向，办公空间的构成主要包括 4 个要素：工作空间、休闲空间、通行空间和辅助空间，这里不再赘述。从办公空间的起点开始，前台接待区相当于"城市的入口"，过厅与通道充当"城市街道"，随着街道的延伸，出现各个主体空间，每条街或是平行延续或是穿插交错，街道的交错出现了"城市节点"的广场空间，也就是办公空间的休闲共享空间。通过隔断式的"城市边界"，一个个"城市区域"被限定出来，它们有各种不同的形式，包括开放办公区、独立项目房间、会议室等，在整个"办公城市"的塑造过程中，"城市标志"始终贯穿并突出于这个场所空间中，它可以是空间中灵魂性的 LOGO，也可以是数个独特的元素。办公空间与城市空间主要构成要素的对应关系，如图 7.26 所示。

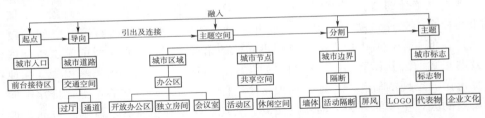

图 7.26　办公空间与城市空间主要构成要素的对应关系

7.3.2.3　办公空间与城市空间设计的互通

　　早期的城市空间中，由于交通不发达，且城市中的建筑功能空间较为单一，建筑与建筑间很少产生联系，加之一些营造手段的制约，人们的信息交流、文化传播等生活更多地依附于城市外部空间，使得城市空间与办公空间很少被联想在一起。就现今的情况以及未来的趋势来看，越来越完善的地下交通使得建筑与建筑间的联系变得密切，城市中的空间将无缝地连接在一起，功能复合化的建筑的内部空间，相较于城市外部空间而言地位将逐步上升，甚至于取代慢慢弱化的外部环境，建筑内部空间因而要发挥一个拟态城市的作用，设计手法就很有必要进行互补与借鉴，这就为办公空间与城市空间的互通设计带来了希望。

　　(1) 设计手法趋势的互通。提取城市外部空间的设计手法，将其与办公空间设计相融合，其实是将空间中多样的，甚至是矛盾的空间通过流线复杂并置在一起，将这些看似冲突的、不同功能的空间隐藏在一张巨大的建筑表皮之下。这种复杂性一方面在于它是由多种类的功能区域相互并存，另一方面在于单一功能的空间以不同的形式和谐共存。这种矛盾性在于某些功能空间虽具有矛盾冲突，但它们之间能以某种形式相互串联，不是通过简单的排列，而是以一种有序的、合理的形式穿梭于整个空间中。

人类的想象力是无穷无尽的，位于纽约哈德逊广场高线公园北端的世贸中心 2 号楼便是一座令人惊叹的"办公城市"。虽然它可能需要多年后才能建成完工，但它的设计方案确实令人瞠目结舌，设计方是 BIG 建筑事务所，这是一个能够富有创造性协作方式的超级设计团队，他们善于将潜在的能量和未知的动力转化成为前所未有的解决方案，这个方案在兼具经济价值的同时又具有形式的美感。该设计为上下堆叠的 7 个独特的建筑体块，阶梯状的世贸中心 2 号楼将达到 400m 的高度，如图 7.27～图 7.29 所示。这座塔楼专门为在其中工作人员设计，每一层都有向外的开放空间，创造出瀑布般的高空花园，完全连接了底层到顶端的办公空间，让人的日常生活延伸到外面的空气和阳光之中，阁楼和屋顶的花园如同建筑上层次堆叠的垂直村落，形成了城市的空中花园与广场。3530m² 郁郁葱葱的室外露台将整合在整个建筑之中，如图 7.30 所示。新大楼将提供协作的可能，开放的工作环境设

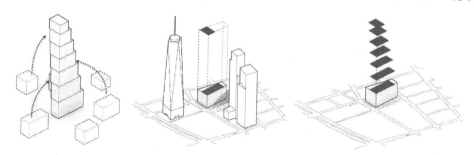

图 7.27　纽约世贸中心 2 号楼设计构成

图 7.28　纽约世贸中心 2 号楼外部形态

图 7.29　纽约世贸中心 2 号楼"城市"广场与花园

图 7.30　纽约世贸中心 2 号楼内部不同功能空间

施、非正式的会议空间并结合了共享理念。楼层间的大楼梯间双层通高，在总部中提供了公共空间，像篮球场、跑道和放映室等空间，连续组织着整个空间，使每个部门之间更加紧密连接。休息层设置在其中，可以直接到达屋顶上的公园。在设计手法上，这座"办公城市"将城市公园引入其中，并放大共享的理念，在设计中将不同功能的空间巧妙地穿插起来，追求一个多样化的活力"城市"。

（2）视觉感官的互通。从以流线形式出发的视觉感官角度看，人们在城市中沿街道行走，眼睛通常是上下观看的，引起视觉的上下变化，随着行走时方向的变化，产生一种动态的感官效应，每往前行走一段，空间场所中的场所感不断变化而引起人心理的变化。行至窄巷中会产生一种压抑感，来到广场空间便柳暗花明、豁然开朗。特别是在场所感强烈的欧洲城镇中，游走于盛装游行的队伍中，都能在参加的人身上看到自身前进的影子，此时自己作为参与者，同时又成为观众。这种生动复杂、变化无常的心理感觉不是以二维平面的轴线分析可以得到的。在对具体的办公空间进行讨论时，在平面布局的基础上，应跳出来以一个三维的视觉感受观察如何表现平面上的空间，使其界面连续而延绵，同长长的街道一样来丰富视觉感官，此刻，有限的内部通行空间便已描绘成一条充满生机和活力的室内街道，可以带着置身于其中的人穿越每一个不同功能、不同场所氛围的空间，营造一种城市漫步的感觉。

本章所提到的城市设计手法应用于众创办公空间的思想，更多的是强调一种设计思维方式，从根本上讲就是把众创办公空间与城市空间看作同一种空间模式来思考，观察其中隐藏的社会、空间等的关系。也就是希望设计师能够将目光从办公空间的造型风格、表皮形式转移，通过创造如城市般生动、富有流线感、复杂多样性功能的有机空间形式来改变设计思维。

对于办公空间的体量大小，不论是超大型办公综合体空间还是小型工作室空间，这样的设计思维都值得运用，只不过对于设计师而言，在体量更大的空间中，他们更能发挥自己的想象力去赋予办公空间更多的城市意象，优秀的设计师应该对于任何较为开放的办公空间都能将这种思维方式发挥得淋漓尽致。

7.3.3 众创办公空间城市化设计特征与原则

7.3.3.1 众创办公空间城市化设计主要特征

（1）传达性。城市化办公空间在某种程度上更注重传达性的表现，如同一个城市，它应该向城市的居民表达自己的态度与情感，同时也需要向城市的过客表现其精神,从两方面得到认同并产生共鸣。办公空间的传达性一方面是工作场所向位于其中的工作人员传达信息。工作场所的物理格局可以传达出公司对员工健康的关注程度。相对于普通办公空间而言,应根据需要设立咖啡厅、健身房、淋浴间、互动餐吧等,体现公司对员工长期福利的重视,在这样的环境下,在公司工作的人员会对他们的工作场所更加满意,更有效率并更敬业地完成工作任务。在整个办公空间的运行出现问题时,比如照明、噪声、温度等,他们也很少会产生消极情绪。另一方面,工作场所同时也向除公司以外的其他人传递信息,这些人也许是前来洽谈的客户,也许只是下班回家经过公司的人,他们将会以自身的文化背景来解读这些信息。因此,需要对办公空间所传达的信息时刻保持警醒,在设计工作场所前采访与观察场所使用者的工作,使空间特征尽量不被局外人误解,传达出与这个群体的组织文化保持一致的信息。

(2) 交流性。随着通信与网络的新技术迅速发展,办公空间逐渐成为一个提供交流的载体,满足一些不定时的相遇和各种正式以及非正式的交流行为需要。城市化的办公空间本就是一个充斥着各种交流行为的场所,尤其对于合作型团队而言,团队组员之间的协同合作更是交流性的典型体现。

按使用工具的不同,办公空间的交流形式分为两种方式:利用通信设备的"数字化"交流和较原始的面对面交流,在处理不同的业务工作以及办公地点的时空位置远近不同时,采用的交流方式各有倾向性。按场合正式与否,交流形式又可分为正式交流与非正式交流。正式交流较为严肃和确定,如在会议室中举行的会议,这是传统办公过程中必经的一种交流方式,而非正式交流则是现今办公空间出现的一种新的交流模式,部分目标需求明确的正式交流空间已经逐步被非正式交流空间替代,由于非正式交流中包含各种思想和大量信息,非正式互相分享的过程中增加了每个人的知识量,因此,加速了创新思想的迸发。非正式交流往往发生在办公空间的辅助空间,如走道、休闲区等,因此,这些在传统办公环境下不起眼的、被弱化的区域需要逐步引起人们的重视。

办公空间中多元化的信息交流形式已成为办公环境的关键性竞争优势,有效且良好的沟通可以防止产生不必要的误会,从而激发员工潜能,增强其创造性。

(3) 社会性。传统办公场所中,社交接触是受到抵制的,工作时间容不下交际与应酬。而城市化的办公空间需要逐渐接受并将社会性融入其中,老旧的空间设计方式被新的手法取而代之,设置了模拟真实城市生活场景的功能区域,由此思路产生了微缩社区的概念,整个"城市"秩序井然、充满活力,成员们有了更默契和紧密的联系。

最近国内外不断兴起的各种联合办公空间便是一种典型的"社区"理念，联合办公空间是一种新型的微社交空间，具有明显的城市交往特性。在联合办公空间中出现街道、咖啡厅、游戏场所等，其目的是"激活"不同成员之间的社会属性，创造一种生动的社交景观与交往形式。在这个空间里，多个不同类型的工作团队虽然工作独立，但是各家的项目与业务也可以交叉合作，形成一种动态化的工作模式。就像是一种和谐的邻里关系，既可以利于不同团队之间分享信息、技术、资讯，拓宽人脉网、社交圈，也可以在公司遇到瓶颈时，求助"邻居"协助解决。这并非是在延续传统办公空间的模式，而是在重新思考办公的存在形式。

（4）灵活性。传统形式的办公空间对各空间的使用率及使用程度往往不重视，而在原本有限的空间中，一个规划好的空间区域若长期处于闲置、无人使用的状态，那这个设计无疑是失败的。

在城市化的办公空间设计中会更注意空间的灵活性，空间的划分不能完全严格界定，需满足一种空间形式向另一种形式转变的可能，这样，更能促进公司内部成员之间的有效交流，激发潜在功能。空间的可变性设计不仅包括空间形式的变化、空间中主要活动的变化，也包括家具组织形式的灵活变化。通过对家具进行模块化设计，使其能组成不同的形式，适应于不同大小及形式的空间中，这就很好地满足了空间变化的需求，如图 7.31 所示。加之对空间的变化性预计，例如一个较大的空间中设置活动隔断系统，在转变办公方式，需要将多个小团队包括进来时，将活动隔断折叠收拢变成大空间，当变成各个小型团队的项目房间时，恢复活动隔断，形成多个小空间，如图 7.32 所示。

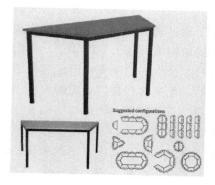 

图 7.31　办公家具的模块化组合

图 7.32　办公空间的活动隔断系统

（5）功能性。城市化的办公空间不是从单一的功能出发，而是充分考虑不同的功能需求，营造不同的空间区域，以求将每个成员的不同时刻的需求得到满足。它与传统办公空间有着本质的区别，主要从不同人与团队的社交行为和自我需求出发展开一系列空间设计，将不同的功能空间融入一个完整的办公空间中去。因此，一个较为完善的办公空间通常具有十分明确与多样化的空间划分，而这个空间往往还复合了多种不同的功能。在一定程度上，成功的城市化办公空间的功能区域颠覆了传统模式的单一性，将多种空间复合于一体。团队成员既可以拥有各种形式的工作空间，又可以享受拥有诱惑美食的用餐空间、共享信息资讯的活动空间以及生动活泼的交通空间等。

（6）体验性。办公环境中使用者的需求与对环境的满意程度，一方面是来自对场所中的光照和自然景观等的理想性环境；另一方面是来自个体表现与团体协作上的工作行为。相对于传统办公空间的工作至上的理念，城市化办公空间应做到以人为本，进而使工作者满意自己的工作环境，从而充分提高工作效率与工作品质。

美国密歇根大学心理学家蕾切尔·卡普兰（Rachel Kaplan）研究了人们对自己办公室的自然景观的反应，发现人们在活动过程中通过简单举动就能观察到自然事物时，如透过玻璃或窗户看到绿色的植物或只是天空的样子，他们会对自己的邻里更加满意，心情也会更好。她对办公空间的研究得出了这样的结论——无论是谁，对景观的反应几乎是类似的，能观赏到自然景观的人更少产生由于工作上的压力而放弃或是感到沮丧，而且总是满怀工作热情。阳光也可以提升员工的幸福感，空间中的人工照明也有同样的作用，不同的工作形式需要相应的光照强度促进其集中力与效率，由于在工作的一天中光照的强度是逐渐变化的，往往需要结合人工照明，也应注意光线过于充足的环境中会让人晃眼，尤其是对于电脑工作者而言，因此，避开阳光直接照射或者使用电脑保护膜能减轻晃眼效应，我们在城市化办公空间中应逐步达成这些需求的满足。

工作行为上的需求是多种多样的，需要从不同的工序中进行总结。例如工作上专注度的需求，从事某些工作的群体需要集中精力更好地完成工作，而从事其他一些工作的群体则并不需如此，因此，城市化办公空间在注意场所氛围营造的同时，也应在一定程度上注意到两者的区别，将其安排于不同类型的工作场所中。又如，会议室的表现形式，有研究表明会议时间会因为参会人员的身体姿态而发生变化，站着召开会议往往比坐着召开会议的时间要短，当空间中无座位时，人们更倾向于倚靠在某一物体上，因此对于不同会议的需求，可以设置不同形式的会议空间。

7.3.3.2 众创办公空间城市化设计处理原则

（1）促进交流及社会交往。"工厂一个接一个地伸展着它们越来越肮脏的砖砌的侧翼，就像巨大而吝啬的监狱，而室内，用煤气火焰照明，由于它们自己的运作而充满震耳欲聋的喧器。数以千计做着苦工的工人被关着、被管辖着，手不停地工作而脚不能移动一步，终日不息。"这是《城市与人》一书中描述的19世纪30年代曼彻斯特彻中随处可见的冷酷、压抑的工作环境。这样的办公环境对于现代人来说显然是无法接受的，但是很多传统形式的办公空间与其本质上又有何区别？空间中一个个工位连续排列，被分割成一个个蜂窝式的小隔间，在其中工作的人只是在工位上持续机械化地工作，身体长时间处于同一种状态，没有人与人的交往活动，只有很少的休息时间。实际上，对于办公效率而言，这并不是明智的做法。现代城市中最令人欢欣的是它充满生机的社交环境，这样的环境营造了轻松惬意的氛围，也促进了人与人的信息交流。

办公空间城市化的设计原则首先应该注意促进交流与社会交往活动。人类的交往活动能够促进信息交流、增进感情和互相产生影响，越来越多的工作已经不是独立一人就可以完成的简单行为了，项目组成员就项目方案的头脑风暴与自由研讨，项目组长对客户的方案汇报，不同项目组的问题沟通等工作行为都需要以沟通交流为基础，如果没有进行有效的沟通，往往会产生不同程度的误会，延误工作进度甚至致使项目以失败告终。因此，交流与交往在现代办公活动中是十分重要的，而办公空间中的交流又需要通过两种方式达成，面对面的交流行为和电子化的虚拟交流行为，因此，城市化的办公空间设计必须充分考虑以促进各种交流形式为原则。

将有效交流与交往作为基本设计原则的联合办公空间就是一种办公空间城市化处理的积极形式。联合办公空间是一种新型的微社交空间，具有明显的社区特性。在联合办公空间中出现的各类模拟真实生活的功能区域，如街道、咖啡厅、游戏场所，其目的是"激活"不同成员之间的社会属性，创造一种生动的社交景观与交往形式。在这个空间里，有开放式办公场所、独立工作间、电话间、会议室等不同的工作空间，多个不同类型的工作团队工作独立，但同时每个团队的项目与业务也可以交叉合作，形成一种动态化的工作模式。这就像是一种和谐的邻里关系，既可以利于不同团队之间分享信息、技术、资讯、拓宽人脉网和社交圈，也可以在公司遇到瓶颈时，求助"邻居"协助解决。

（2）保证第三空间品质。从本质上来讲，第三空间是一个帮助人消磨时光，并让大家聚集到一起的公共空间，在西方文明当中一直起到赋予创新以灵感并鼓励交流的作用。在现代的社会发展中，城市与人的关系同办公空间与人的关系本质上是相同的：人借助这个空间完成自己一天的生活，在其中感受环境的脉搏，满足自己的需求，这个空间就像是一个戏剧的舞台，人们在其中的故事与生活就像是舞台上表演的一幕幕片段，而空间收获的则是因人的活动而带来的生动的场所感。营造场所感正是得益于第三空间，这个非正式的公共空间。

保证第三空间的品质，首先从思想上认可这个空间为办公空间带来的不容忽视的积极作用，要理解工作与休息的结合才能创造更多工作财富。员工评判办公环境是不是满意，除了工作空间的舒适度，第三空间的合理性和人性化也是其满意度的一大评判标准。以往我们常常忽略第三空间能为工作带来的效益，使得工作环境中少见咖啡厅、健身房、淋浴间、互动餐吧等休闲空间。其实这样的休闲空间不完全是员工休息的场所，它是将生活、工作、休闲三者结合起来的理想产物。城市化的办公空间是以人和生活为核心的办公空间，第三空间正是生活化了的空间，它将物质与精神结合，让人在繁杂的工作之余，精神得以放松，并在休息的过程中，兼具信息交流、人际交往、接触新思想的功能。

虽然对于公司的第三空间来说，氛围的作用非常关键，可是没有适用的功能性也于事无补。人们可能根据内在的优点选择第三空间——工作起来可以不受同事打扰，躺在舒适的沙发上像家一样，周遭人群的交谈声富有活力，美食触手可及，氛围极具吸引力。但是这样的空间也存在弊端。当你在舒适的沙发上坐了一天，你同样会感觉不舒服。技术设备并不一定能顺利使用，场合也不合适分发参考资料。对于公司来说，优质的第三空间往往比咖啡店更好，因为它除了有酷酷的氛围、美味的咖啡、诱人的美食，还有功能性极强的空间设置让员工高效地工作。因此，氛围塑造与工作功能的强化都是提高第三空间品质不可或缺的手段。

在考虑第三空间的设计时，应从休息者的行为入手，为长时间、中等时间、短时间的停留分别提供不同的空间设计，使每一个空间拥有自己的性格特征，在既富有层次感的同时，又不至于过于紊乱。例如，第一层次在工作空间中设置零散的休息区域、工位角落、窗前等；第二层次利用边界效应，在通行空间、中庭空间或入口空间设置休息区域；第三层次集中于某一空间设置休闲区域，可以将咖啡厅、餐吧等相结合，如图 7.33 所示。

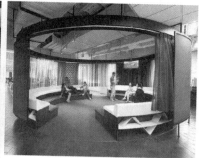

（a）第一层次　　　　（b）第二层次　　　　（c）第三层次

图 7.33　不同层次的休闲空间

（3）保证空间导向性。由于城市性的引入，办公空间变得更加功能复合化，空间自身与功能有着相当繁杂的关系，空间中的平面布局也越来越复杂，流线也变得交叠并置，很容易由于组织凌乱变成如谜一般的空间状态。但是其中工作的人需要自然、便利、高效地活动，因而，梳理流线导向，保证空间的导向性便成为一大设计原则。

明确空间导向的方法不是简单地独立使用导向标识做引导，而是将导向标识与空间本身的元素相结合，甚至说空间本身的元素就能表现这一指向性，将动态性的引导自然地表现出来。另外，空间设计本身应该就具有导向性，如同空间的体验设计，空间能让使用者本身在潜意识的状态下就明白空间的语言，了解空间的个性，并且在体验过后有一种快速的适应感。整个空间应该具备高效性的流线组织形式，在构形手法上给人暗示一种方向感，成为无声的空间性路标，告诉人们继续前行或者改变路线，也引导着上行或下行的趋向性。空间的导向性就像舞台上合唱团的指挥家，它指引着每个高潮亮点的出现，在哪里该平静如水，行至哪里又该高潮迭起，引导着一个又一个音乐片段的续唱，如图 7.34 所示。

（4）追求整体感与连续性。办公空间中的各个空间不是孤立存在的，就如同城市空间一样每个子空间都有其特殊的意义，都需要其他空间给予辅助支持，但却在整体上共同形成一种城市风格与场所精神。巴黎就是这样一座城市，谈及巴黎相信任何人首先想到的词便是浪漫，浪漫已经成为这座城市的一种整体性的场所精神。巴黎的浪漫是浓烈而集中的，以埃菲尔铁塔为圆心荡漾开去。在香榭丽舍，在枫丹白露，在拉丁区，在左岸，在一切环绕着铁塔的地方，你都能感受到巴黎浓得化不开的浪漫。尤其是塞纳河沿岸的金碧辉煌，犹如出自诸神手中绚丽的乐章。这样的城市是完整而连续的。

图 7.34　空间的动态导向

　　城市化的办公空间正需要追求这种整体感与连续性。空间的连续在形态方面来看，主要表现为空间界面的视觉连续性，追求尺度、材质、色彩、造型、构图等方面和谐；从场所精神来看，主要表现为"文脉"对空间的控制，文脉是个很抽象的词，用在建筑上与我们平时的理解并不太相同，它强调的是环境、关系和限制，这三者所谈到的都是整个基地周边空间的属性，包括体量、功能和使用者的相关情况等。其实就是建筑空间要跟周围的环境相协调，强调单个建筑是群体的一部分。而文脉用在城市上，就是要把人文和历史看作城市所在的环境，当我们将这一概念借用在办公空间中，也就是办公空间的不同功能空间需要相互协调，并尊重其公司的企业文化与人文环境，将新的场所精神赋予新空间时，虽然是通过全新的手法加以表现，但仍能表现出原有文脉的连续性。

7.3.4　众创办公空间城市化设计手段与方法

7.3.4.1　众创办公空间城市化设计主要手段

　　本书研究的城市设计在办公空间设计上的应用，是指利用综合性的办公空间来反映城市空间，使越来越多元化的办公空间融合城市的一些积极特征，包括活力、开放、包容、人性、社交性等。城市化的办公空间设计整体上主要为在直接整合城市要素后进行城市空间的拟态。整合城市要素是从城市主要构成要素出发，模仿其构成结构；空间的城市拟态则更倾向于在融合各元素结构后模仿城市的场所精神。

　　（1）整合城市要素。整合原有城市结构其实就是将城市要素直接引入办公空间，有时候城市原有道路的关系也可以延续到办公空间中来，即城市中的某一部分变成办公空间的一个部分，通常情况下需要这个办公空间是一个独立的个体建筑。它是从宏观的角度，特别是整个区域的结构着眼，充分考虑城市外部空间形态，使办公空间与所属的城市在元素构成上有一定的延续性。其实这种设计模式就是先要对城市结构进行分析，并从布局着手进行整合。这种情况往往需要所模仿的城市本身已经高度城市化，拥有了城市的经典形态。

（2）空间的城市拟态。具有具体功能的空间先被打碎然后融入一个更大空间，这是办公空间设计的一大变化趋势，以致内部空间愈发复合化，越来越趋向于城市外部空间的特点，使得办公空间形态有了根本上的变化。通过对城市空间的拟态，原本有限的围合空间扩大成了看似无限的巨大开放性空间。此时，办公空间充分有理由被看作城市空间的延伸，城市与内部空间这两个尺度差异巨大的看似毫无关联的元素被联系在了一起。

为了能像城市一样充裕地容纳复杂繁多的空间意象与空间片段，办公空间需要拥有多层次的流线以及氛围营造进行城市拟态。办公空间的不同楼层就如同不同的城市街区，拥有不同功能的房间或空间如同不同性格的建筑单体，通行空间就像街道，休息共享空间就如同城市的广场，电梯被看作城市中的地铁、公交车等快速公共交通工具，一座拟态的微型城市就这样建成了。子空间不再是一个个方盒子，而是以建筑单体形式命名的空间单元；通行空间不再是仅供行走的通行长廊，而是以街道为模板的富有生机、明确导向性的场所。空间在建筑表面下，通过街道的连贯持续的直行、转折、交错，构建出一个具有明确边界和外部场所感的办公城市。

有一些案例就是一方面在布局上整合城市结构，另一方面运用城市拟态的思维设计流线与功能空间，表现场所感。位于美国加利福尼亚州的TBWA/Chiat/Day公司以优秀的广告创意立足国际，他们注重空间环境对创造性思维能力的激发，因此通过整合城市要素与城市拟态两种方式，将办公空间打造成了一座"广告城市"。由于公司所处城市靠近太平洋海岸，整个建筑空间以海洋为主题呼应城市。仓库主入口是一个被架起的空间，形状取材于帆船，从外部看，成为整座建筑的标志，如图7.35所示，内部接待区成为一个导入空间，并通过两架"桥"连接接待空间与内部主空间。通过这两架"桥"进入"城市"，一架通向一层空间，另一架通往二层空间，强调了进入不同世界的感觉，如图7.36所示。这种交通路径是在模仿飞机降落后，人们通过狭小的飞行舱出来，进入城市的一个过程，这个过程让人有一种解开谜团、豁然开朗的感觉。内部空间包括"主街""中央公园"、篮球场、广告牌、"悬崖住所"和一系列不同结构的会议空间以及帐篷形式的项目室，如图7.37和图7.38所示。并设计了一些特别的工作站，这些工作站被布置在从天花板悬垂而下的特殊膜结构中，如同海船的风帆，被称为"巢"，如图7.39所示。该项目在办公空间的设计领域树立了一个新的标杆，以一种开放的工作模式融合了生活和娱乐。

图 7.35 TBWA/Chiat/Day 公司主入口

图 7.36 TBWA/Chiat/Day 公司连接接待空间与内部主空间的"桥"

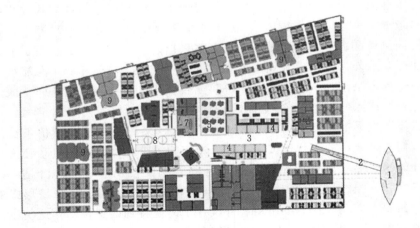

图 7.37 TBWA/Chiat/Day 公司平面图

1—接待室；2—通道；3—"主街"；4—"悬崖住所"；5—中心花园；6—网络中心；
7—会议空间；8—篮球体育场；9—"巢"与项目房间

图 7.38 TBWA/Chiat/Day 公司内景

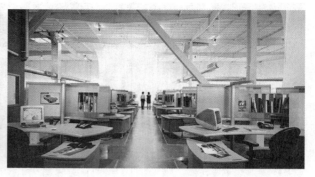

图 7.39　TBWA/Chiat/Day 公司"巢"与项目房间

7.3.4.2　众创办公空间城市化设计分析方法

（1）平面布局方法分析。办公空间的设计应该首先从大的部分入手，确定不同功能的空间的位置与尺度关系，这样才能对后续的设计产生引导的作用。将城市设计思想引入办公空间的设计中来，在平面布局分析上主要运用的理论是图底关系理论与联系理论，对空间及流线进行抽象化认识。

运用黑白图底这一工具进行平面分析：平面图上涂成黑色的空间为"图"，它是拥有确定功能与边界，具有明确领域范围的空间；涂成白色的空间为"底"，它是一个相对开放的领域，功能与边界较为模糊与多变，是处于混沌状态的空间形式。其实图底是一个虚实的概念，你的视线若集中在黑色部分，则黑色为图；反之，白色为底，由于格式塔心理学研究得到一般人容易潜意识集中视线于黑色部分这一结论，故本文的研究暂定黑色为图形。利用"图"与"底"能够更加明确两种不同类型空间的交叉关系，将白色空间看作点连成的线，这样通过线形成一个路径，这样的路径连通每一个"图"面，并划分不同的"图"面，图底关系图结合联系理论通过点、线、面的结合将整个平面更好的布局联系。图底关系处理方法的好处在于能通过直观感受几何形体形成的平面格局，更好地决定几何形体的增加、减少或者直接变更格局形式，也就是决定空间的种种关系，以此来建立一种尺度合理、单独封闭却又彼此联系的空间层次。

如图 7.40 所示。TBWA/Chiat/Day 公司和 Iprospect 公司的黑白图底关系图，黑色代表具有特定功能的空间，留下的白色为通行空间和用途模糊的空间。时而扩大、时而缩小的通行空间像街道一样，将不同的功能空间联系在一起，每个功能区域都是相对独立的固定单元。直观感受两个图底关系图明显能认识到二者的不同性质，TBWA/Chiat/Day 公司更注重固定空间的初设定，图形关系相对密集，白色部分主要为通行空间，并没有太多在之后公司发展过程中能灵活加置的空间；Iprospect 公司的图底关系图中白色部分除了通行空

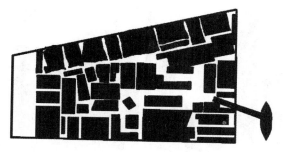

(a) TBWA/Chiat/Day公司黑白图底关系图

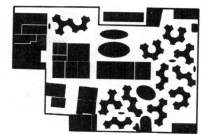

(b) Iprospect公司黑白图底关系图

图 7.40 办公空间图底分析

间之外还包括一些功能模糊空间，在需要时可随主题变更或延展重新设计以增加功能区域，方便修正使用功能，更加灵活与弹性化，如图中不规则多边形表示的开放工位区的设定布局较为松散，留有大量空间，可以临时加置小型讨论区等。不同的设计思路需要不同的平面排布方式，通过分析与总结各类图底关系图的形式与特点，能更直观地帮助设计师认识空间的平面布局，从而在设计的初步规划过程中轻松地排出理想的平面。

总的来说，肌理和图底分析，是为了使人明白与明确设计的各种尺度，包括具体功能空间、街道、广场的尺度，了解空间之间的关系，组团之间的关系，流线的组织方式，是否跟周边有呼应传承或者是冲突等。

（2）形态设计方法分析。城市的符号空间存在两种亚原型，一种是街道亚原型，另一种为广场亚原型，二者对办公空间的设计都有很好的借鉴意义。街道亚原型的形态特征是让人更多滞留于空间中，也有一部分边界空间的特征；而广场亚原型则将内与外的沟通重点表现，场所感由中心向外发散，存在城市地标的表现特点。

1）边界与街道亚原型。区域空间的形态构成主要通过边界划分得以形成，城市中街道是规划区域的一种普遍方式，由此而言，二者都是对领域空间的一种限定，在形态方面，"墙"与"街"是此城市原型的重要元素，但这里的"墙"不一定是指专门的围墙，大多时候建筑的外墙面也是街道中"墙"的一种表现形式。不同形式的墙形成富有特色的城市街景。老北京的城墙富有其自身的特点，极具辨识度有皇城里的宫墙，也有普通胡同里的灰墙，这些墙既代表着老北京的文化，也充分表现了北京城的城市特色，如图7.41所示。现代城市中街边的墙则越来越具创意性，出现各式各样新鲜的元素，如涂鸦、植物、现成品材料的运用，如图7.42所示。街道的路面也是体现城市个性的一大元素，很多城市将井盖的变化作为街的形式变化要素，不得不承认，日本与

图 7.41　老北京的墙

图 7.42　墙的创意

欧洲一些国家的井盖设计的确体现了它们在细节上的设计水平，不仅增强了城市的辨识度，还加深了人们对城市的印象，如图 7.43 所示。

　　街道亚原型中的"墙"和"街"的形式和塑造方法用于办公空间的设计上，实际上就是丰富办公空间界面的多样性，包括地面与墙面。街道亚原型的借用一方面是借用城市中"墙"的塑造形式，如传统建筑墙侧面造型、植

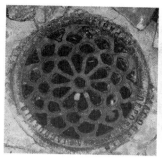

图 7.43 不同形式的井盖

物的引入、涂鸦，其他成品材料的运用等；另一方面，更重要的一点是，通过"墙"与"街"的作用突出空间界面的价值，让我们认识到界面设计的重要性，通过界面设计强调空间的性格特征，打造空间的出彩之处，如图7.44 所示。

图 7.44 办公空间中不同性格的墙与地面

2）地标与广场亚原型。广场亚原型表现为对地标的突出，同时与边界原型也有一些相似性，但在对围合感进行表达的同时，广场亚原型更多的是注重外向性。广场空间的基本构成图形为方形、圆形和三角形，经过角度变化、片段提取、添加、重新组合、重叠、变形等演绎方式，形成规则或不规则的形态。办公空间对广场亚原型的借用主要是将广场这一思想运用于开放公共空间上。注重公共空间的开放性与人的行为活动的适应性。通过借用广场的基本构形方式与其开放、外向型的性格特征充分表达公共空间的场所精神。

实际上，正如城市中不会只单一地表现街道或广场，办公空间的设计在借鉴城市原型的时候需要注意两个方面的结合及其再组合的方式，使其有机地融洽存在，表现一种复合性的"城市空间"。

（3）场所精神营造方法分析。空间的叙述性设计是指设计在满足使用功能后，通过该空间传达一些深层次的含义，也就是完成设计的一些表达功能，使空间的精神被大众理解。实际上叙述性设计要能够引导使用者用心去解读他们所在的这个空间。城市空间的场所精神的营造可以通过设计的叙述性表达得以实现，也正好能应用于办公空间的设计中来。

马斯洛需求层次理论中，精神层面的需求处于需求层次的顶端。它表现在室内就是随着办公空间的发展，需求逐渐从物质满足向精神层面转变，设计开始以人为导向，重点关注人的生理、心理与情感方面的需求。其实也就是在尊重文脉、讲述文脉的基础上，将真实的内部空间规划同虚幻的人文价值联系起来，创造出一个具有特殊场所精神的办公空间。这里的文脉略区别于城市空间，主要包括公司空间的整体环境、公司文化、品牌故事与员工需求等这些软件。

叙述性设计一般从 3 个层次展开：首先，界定主题，这个主题是一个大方向的构想的确立，比如在了解企业文脉的基础上，探讨创造一个何种模式的城市或社区，以及创造怎样的邻里关系。其次，进行主题的展开，思考这样的城市模式和邻里关系应该拥有怎样的功能空间，以及空间布局应该怎样设置最为合理，从而衍生出各种不同层次的子空间烘托主题。最后，叙述，将思考的意念转化为实体要素，包括对空间界面、材质、色彩、造型等表达，运用合适的表达形式充分表现主题，以一种讲故事的方法，将空间的故事娓娓道来。

办公空间类城市化的设计方法，事实上就是城市设计三种理论的逐层递进，首先利用图底关系理论确定空间整体布局，再运用联系理论对街道、广场进行形态表达，最后通过场所理论建立一个完整的具有场所精神的场所空间。

7.3.5　众创办公空间城市意象的表达

本小节主要通过分析近期优秀国内外办公空间的设计案例，探讨一些表现力强的城市意象应用于办公空间中的具体表现形式，使"城市"的概念得到具体化。

7.3.5.1　办公空间中城市街道的实现

街道是城市意象 5 个要素之一的"道路"的一种表达方式，城市街道打破了建筑的阻隔，既具有目标指引性，又给人们提供了一个偶遇、停留、交往的空间场所。街道不是一个具有明确功能的空间，它不单是交通空间，又兼有广场与生活空间的性质，丰富的功能意义交织。街道用于办公空间中，根据其所在的位置又可表现为空中步道、坡道和地下通道。将城市街道表现在办公空间上是一种解决多功能复合办公空间中，各子空间之间的流线组织与联系的设计问题的创造性方法。

例如，位于丹麦哥本哈根的毕马威会计师事务所（KPMG）公司总部，在建筑外形的尺度设计上非常优雅地适应了周围建筑，苜蓿叶形状和浅色自然石头立面缓和地混入周围的居住和办公建筑，很好地融入了整个城市空间中，并引用室内街道与天桥的概念，使得人处于建筑面积 35000 m² 的巨大空间中，仍能拥有很好的方向感。在内部，苜蓿叶形状的设计带来了三个明亮的中庭，每一个都成为周围开放办公室空间的焦点。穿过中庭的空中步道不仅具有美学趣味，还成为穿越建筑的最快捷径，兼有标志性和交流互动行为，使方向变得逻辑化和简单。至此，流线初步被全面规划，使得其完成了 KPMG 的目标，即在不同部门之间具有更大的合作空间。实际上，KPMG 的业主对机密性的要求甚为严格，他们希望空间是引人注意的且具有欢迎的姿态，但又不连续来维持其安全性，因此，这个空间形状很好地起到了作用，如图 7.45 所示。

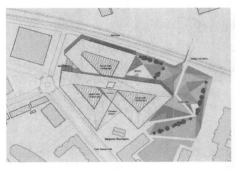

(a) 总平面图　　　　　　　　　　　　(b) 整体外形

图 7.45　KPMG 哥本哈根总部办公空间的整体形式

KPMG 办公楼对"街道"的表现可谓达到了极致化，首先，在空间形态上，多条狭长交错的内部"街道"在这个微型城市中，从一层至顶层贯穿整个空间，并在同一层的空间中曲折迂回地将接待处、咖啡厅、会议室、办公室巧妙联系、逐级引导，不管是不同楼层，还是同楼层，不同空间的串联都应用了狭长的步行空间，就像空间中交织的步行网络。其次，"街"成为不同功能空间转接处理的关键因素，各个房间就像城市街道上不同的建筑，被巧妙地安排在"街"的一侧或两侧，漫步于"街"上便能完成对整个办公建筑空间的真实体验。最后，"街道"在不断前进与转折的过程中营造出了临时休息交流平台，为人们创造了相遇、寒暄进而互相交流的机会，就像欧洲小城中的街道，人们走出房间便能来到小街与其他人交流，如图 7.46 所示。

图 7.46 KPMG 哥本哈根总部"街"的丰富表现

7.3.5.2 办公空间中城市广场的设计

城市广场通常是城市的节点,是空间系统的核心所在,具有很强的公共性,成为联系整个城市市民生活的纽带。欧洲中世纪的城市广场已经拥有了大量成熟的处理方法,城市一般围绕着广场向周边发散,它的活力源自人的交往活动,因此,广场活力得以塑造的前提就是要创造提供交往活动的场所,使人产生认同感,长时间停留于广场中,办公空间中广场的实现也要遵循这一点。对于提高节点空间的品质而言，要注意节点的边界处理，尽可能不产生消极空间。当代著名建筑理论家克里斯托弗曾对公共空间的设计进行总结，他认为空间应该拥有边界，边界线可以是实体物质，也可以是模糊的材质、肌理变化或其他形式的空间划定，空间的边界线产生的"阴角"空间可以形成一种将人拥抱于其中的温暖感，对人流活动中行动较为犹豫者产生吸引，从而引发他们的停留活动。

通常广场的创造手法一般可采用凸起与下沉两种，其实不论何种手法都是通过一定手段来营造空间的焦点。德国知名网络平台 Sound Cloud 的新总部的中庭空间就是如此。Sound Cloud 公司总部办公室于 2014 年建成，面积为 4000m²，由三层构成。该办公空间的设计意图就是为了打造一个现实的虚拟社区，空间中大量用到城市广场的概念打造第三空间。它是由一个啤酒厂改造而成的办公空间，在塑造中庭空间时，对建筑原有结构进行改变，创造了一个楼梯下的中庭空间，这成为 Sound Cloud 的交流中枢。通过楼梯、阶梯式长木凳与地毯对空间进行划定，创造空间的边界，形成一个积极效应的空间，这样的"城市广场"具有很大的随意性，其空间和装置是可以根据具体需求来变化的，可变化为不同形式的空间，如图书馆、接待处、咖啡店、开放休息区与讨论区、电影院等。这个中庭空间是由不同方向的"街"在其方向上延伸之后交会形成的广场空间，它作为一个节点空间起到了沟通内外的作用，并使空间中的不同构成要素有机联系，保持整体感与连续性，也成为渲染气氛的点睛之处，是以广场对复合空间进行组合的优秀案例，如图 7.47 所示。

图 7.47 德国 Sound Cloud 新总部中的"城市广场"

7.3.5.3 办公空间中城市标志的塑造

标志是当我们谈及一个城市时，首先想到的是该城市中令人印象深刻的元素。在世界各地的城市的发展中，很多城市都产生了自身符号化的标志性元素。当我们谈及伦敦，我们会瞬间联想到具有伦敦风格的俱乐部、公园和郊外；巴黎则为巴黎风格的林荫大道、咖啡店、公寓社区、百货商店；纽约有着纽约风格的旅店、摩天楼、方格网布局的街道，这些元素在历史上都是先从这些城市出现的，因而更加奠定了其标志性的地位。标志让城市被认定为一种风格，我们以该城市的名称命名这种风格。

如果要使一个办公空间产生标志感，变为独创与特殊的，必须为其塑造标志。它可以是标志性整体氛围的营造，但在此文中主要探讨的是城市意象中的标志的塑造。纽约 Wieden and Kennedy 公司的办公空间是一个层次丰富、多样性的复合空间，他们的办公空间位于建筑的 6～8 层，连接 6 层和 7 层的是一个圆形的胡桃壳样子的"硬币楼梯"形成的看台式座椅，可容纳全员会议，或在它的类似蜘蛛形的结构下进行非正式讨论，如图 7.48 所示。在 7 层，一个装饰白瓷的水吧可供下班后员工进行聚会，水吧旁边是连接 7 层和 8 层的一个穿孔金属螺旋梯，它通往 8 层的图书馆，如图 7.49 所示。在这个办公空间中"硬币楼梯"、白色水吧、白色金属螺旋梯都是属于该空间的标志。标志的塑造并没有过多的原则性可言，只要是不违背公司理念、文化价值观的特别的物质都有成为标志的可能。但标志是否能够定义一个空间的风格，是否能够变成空间的符号，需要考虑很多方面，还需要设计师在设计的过程中反复琢磨其中的关系。

图 7.48 Wieden and Kennedy 公司的"硬币楼梯"

图 7.49 Wieden and Kennedy 公司的水吧

7.4 城市化众创办公空间家具整体化设计

一直以来，关于办公家具的研究不在少数，大多是围绕人机工程学理论进行研究。办公家具作为我们一天当中接触最多的家具类型，尤其是办公椅，需要极大的舒适度来满足我们的办公行为需求，因而从人机工程学的角度深入分析与研究是十分必要的。在此方面，不论是专门的科研组织还是对此有很大造诣的办公家具企业都已经做了大量的理论与实践研究，本小节通过转换思路，在注重人机工程学的同时，将研究重点转变为家具与办公空间的整体性设计研究，也就是以办公空间的具体需求来设计办公家具，通过办公家具的配置来满足办公空间布局要求的设计思路，两者相互作用，使得办公家具与办公空间更具一致性与整体化，希望另辟蹊径，给办公家具的设计带来新的思考。

7.4.1 众创办公空间家具主要特征

随着市场的变化与完善，工作方式的不断变革，办公家具涉及的类型越来越多样。一些优秀的办公家具企业，尤其是国外的知名企业对办公家具的研究尝试从空间与办公行为上入手，对此进行大规模科研投入来获得优良的设计作品，以此带领世界范围内的办公家具的一次新革命。强调对办公环境适应性的办公家具更优于传统的办公家具，它具有以人机工程学为基础，强调用户体验设计与模块多元化的主要特征。

7.4.1.1 以人机工程学为基础

在美国，很好地符合人机工程学理论逐渐成为整个办公家具业应遵循的准则。上班族在一天中接触时间最多的便是办公家具，它与人的动作行为息息相关，并紧密联系着工作效率与使用者的健康状况，人机工程学广泛运用于办公家具也就成为必然趋势，而实际上越来越多的企业已经重视了此方面的研究，美国具有百年历史的大型办公家具企业 Steelcase 公司，始终将人机工程学的研究放在整个设计的核心位置。

尤其是在办公座椅的设计中，人机工程学愈发重要，由于使用者维持一个动作的使用时间过长，设计不良的座椅会使我们办公久坐时，更容易诱发脊椎的疾病以及阻碍血液流动等职业病，并且随着新技术在我们生活中的普及，我们的坐姿会随之变化，办公座椅的设计也需要相应变化。

Steelcase 公司专门为办公家具提供解决方案，他们会在人机工程学上做出大量的理论与实践研究。Steelcase 公司的 Think 办公座椅在人机工程学上的研究，已经从静态的尺度与造型等方面上升到了对动态的行为变化的适应，

Steelcase 公司主打智能调节，除了卓越的舒适度和支撑度以外，靠背与扶手可以根据使用者的坐姿自动进行调节。Steelcase 公司的 Think 系列办公椅，可以依据使用者自身的体重及后仰的程度给予适当的支撑，座椅的柔性也会依照使用者的体型与姿势变化做出相应的回应，腰靠位置可随使用者腰部的差别上下调动，如图 7.50 所示。

图 7.50　Steelcase 公司的 Think 系列办公椅

　　Leap 办公椅以变化的靠背形状来适应使用者的脊柱支撑需求，让使用者不会因长时间持续同一坐姿而导致身体的不适，引发相关疾病，除此之外，Leap 办公椅在使用者向后靠时可以自动往前移动，保证使用者在视野范围内以及可触及区域更加专注于工作，如图 7.51 和图 7.52 所示。

　　2014 年 Steelcase 公司推出的 Gesture 办公椅则是跟随科技潮流的产物，它是第一款用来提高人与新技术有效互动的智慧办公椅。灵感从人体运动的原理而来，目的是促进使用者对新工作模式的适应性。Steelcase 公司对 2000 多位使用者做出了相关的研究与调查，得到了使用者在办公过程中产生的 9 种常见坐姿，如图 7.53 所示。

图 7.51 Steelcase 公司的 Leap 系列办公椅

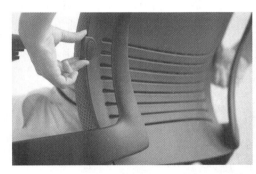

（a）脊椎并不会整体移动　　　　　　（b）脊椎的上部和下部需要不同的
　　　　　　　　　　　　　　　　　　　　力量和支撑方式

（c）每个人的脊椎运动都是独一无二　　（d）视野范围内以及可触及区域将影响坐姿

图 7.52 Steelcase 公司的 Leap 系列办公椅适应脊椎的支撑方式

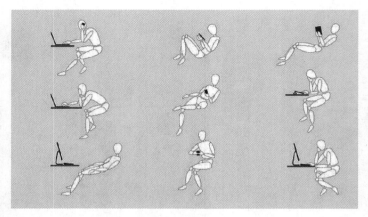

图 7.53　高新技术设备使用背景下的 9 种常见坐姿

　　这款座椅的靠背可根据坐姿自动适应为相应的幅度，扶手根据手臂姿态可以做任意方向与幅度的调节，其中包括使用手机发短信时的手臂位置和角度，实现对扶手更完整的调节幅度，来起到适应使用者需求，减轻使用者负担的作用，如图 7.54 所示。

图 7.54　Steelcase 公司的 Gesture 系列办公椅

7.4.1.2　强调用户体验

"体验"一词在理论研究中主要是从需求与供给两个方面进行定义。适应城市化办公空间的办公家具一改以往从家具本身入手的设计模式，将核心转为用户的体验，它以用户目标为导向，首先确定目标用户、用户目标及使用情境，追溯用户的需求，之后通过设计要素、用户行为等方面，考虑用户在使用产品达到目标的过程中的体验行为，这种体验行为研究的是用户主观的心理与身体感受。

Gesture 办公椅的研发也就是一种强调用户体验设计的方式，Steelcase 公司为了设计出全新的就座体验，暂停了对座椅的观察，而是更多的关注员工本身。首先从用户需求与目标入手：在科技提升生产力的同时，原有的工具给员工带来了痛苦和不适，用户需要一种适应新技术与新行为融合下的座椅解决方案，并不断从用户的角度提出问题，从而解决问题。为了进一步了解工作时的身体变化，Steelcase 公司进行了一项全球坐姿调研，在六大洲观察了超过2000 人的不同坐姿，了解并记录用户的办公行为与习惯偏好，发现用户在不同使用情境下的不同层次需求，特别关注了人体和座椅之间衔接的 3 个关键界面：椅面、靠背与扶手。在研究过程中，Steelcase 公司还为客户想到了如何为一天内在不同空间中就座的不同用户提供解决方案，这是另一个用户需求，使靠背根据体型、坐姿来自动调节幅度实现这一需求，这样当我们共享办公桌时，可能某一天是一个身材魁梧的同事使用这张座椅，第二天是一位身材瘦小的同事使用。

7.4.1.3　模块多元化

由于现代办公行为具有流程复杂、富于变化，多项工作同时展开，工作地点弹性较大等特点，独立灵活成为办公空间的一大主要特点。这就使得办公家具的设计需要满足产品多样化的需求，而家具模块化设计成为解决这一问题的最好方法之一。办公家具开始采用大量的模块化设计，通过单体的变化组合可以得到很多组家具，甚至是完整的空间。家具的模块化设计，是指为了得到各种不同类型的家具，采用通用的模块与专用的模块，通过标准化的接口进行不同形式的组合，它与标准化设计是不同的，虽然具有标准化的属性，但模块库系统是动态可变的，可以被修改，也可以不断扩充，是一种更高级的形式。

模块化设计构成新产品的主要方式：第一，通过通用模块与接口结构的组合；第二，通用模块为主要元素加上部分专用模块；第三，改变通用模块的部分结构；第四，开发设计新功能的模块与通用模块组合。通过这 4 种方式，可以得到各式各样的形态，满足空间中多样的需求。一个办公空间由工作空间、会议室、讨论区等不同的区域组合而成，其中的家具必须有一定的整体与一致性来界定这个空间，而且不同空间中需要的家具多种多样，如果一一进行配置与设计，势必是一项庞大繁杂的工程，这样对于办公家具公司而言增加的工作量可想而知。如图 7.55 所示，这些家具组合都是由一到两种模块组合而成。

图 7.55　办公家具的模块多元化组合

7.4.2　众创办公空间家具主要形态

在研究城市化办公空间中家具的整体化设计之前，了解办公空间的不同构成要素中的家具形态是十分必要的，它为实现设计的整体化与系统化，提供了一个全面的家具产品类型和需满足功能的概述。

7.4.2.1　工作空间的家具形态

在一个"办公城市"中，工作是这个城市里的人们最重要的行为活动，人们在一天的工作中会产生不同的办公形态，他们时而独立专注，时而自由讨论，时而正式会议，这使得工作空间需要形式多样、层次分明，来满足人们的行为需求。独立工作室、开放办公区、电话间、小组讨论区、项目房间、会议室等由此出现。因此，工作空间中的家具往往类型多样。

就椅子而言，办公椅、协作型座椅、高脚椅、可堆叠椅在该空间中出现最多，根据不同空间的特征，我们需要考虑椅子是否需要头枕、高度是否可调节和方便移动，以及是否需要平板电脑等电子工具的支撑件，等等。Steelcase公司的 Node 椅就是一款考虑了多种功能形式与需求的工作空间协作型座椅，它很方便地从一种模式切换至下一种模式，并且无论身处何处——大堂、培训室、实验室，抑或是开放的课堂中，都能匹配使用者的办公需求，如图 7.56所示。

图 7.56　Node 座椅不同工作模式的灵活切换

　　Steelcase 公司对于家具的设计特别关注客户的个性定制，Node 座椅的设计也不例外，它可以根据客户的不同要求配置不同的座椅部件，椅座的颜色可以选择与定制的，饰面材料在色系中横跨多个颜色或色调以及从浅到深的色值，保证了办公环境对家具颜色的不同要求；椅子脚座可使用移动式的储物底盘、可调节高度的普通式底盘以及带脚托的高脚底盘；也可配置个人工作台板、水平托架等附件。作为一款协作型座椅，Node 座椅具有高度的可移动性，轻松配合小组讨论、集体讨论、集体会议等不同的工作模式进行灵活布局，座椅的可旋转性方便自由转换空间的关注点，个人工作台板也会随之一起旋转，使书本、笔记本电脑或其他工具都保持在手边。当一个空间中临时储物区不足时，Node 座椅的储物型圆盘底座便可提供独一无二的解决方案，让私人物品安全存放又方便拿取。当然，这款座椅是在人体工学的基础上进行设计的，座椅靠背能适应使用者的体型进行弯曲与调整，如图 7.57 所示。

　　就办公桌而言，工作空间中有普通办公桌、办公长桌、高度可调节办公桌、会议桌等形式。不同具体功能的办公桌，需要根据工作行为考虑高度调节、移动性、模块化、多用户还是单用户使用、是否有电源布线等，以此满足变化的办公需要。大量研究表明，人们在工作场所适时改变姿势，对健康与工作效率都能获得提升，因此，企业也越来越考虑到缓解员工久坐的疲劳度，以

图 7.57　Node 座椅的个性化定制

及不同工作行为对办公桌高度的不同要求。高度可调节的独立工作站便应运而生了。很多优秀的办公家具品牌都开始考虑此类型产品的研发。在比较了很多同类型的办公桌，包括 Herman Miller、Haworth 等著名办公家具品牌后，虽然它们的设计也很完善，但这里要举例的还是 Steelcase 的产品，相比于 Herman Miller T2 的面板式的桌子底座，Steelcase 公司的 Airtouch 使用支架式的底座彻底解放了双脚的活动，并且拉近了办公椅与桌面的距离，使办公椅靠近办公桌时不会产生面板底座对椅轮的阻碍。创新研发的 Airtouch 系列能支持员工方便快捷且无噪声地调节所需台面高度，并且无须用电，鼓励适时切换工作模式。它只需要轻轻一碰，便可根据个人喜好与工作需要，将台面高度进行调节，调节范围为 660～1092mm。从坐姿高度调节至站立高度用时仅为 1.2s，如图 7.58 所示。

图 7.58　Airtouch 高度调节工作站

除了办公桌与办公椅以外，工作场所的家具也可以根据需求进行加载，书架、储物柜、可移动白板、桌面挡板、屏风等都是常见的工作空间家具。在考虑该空间家具的设计时，通过对办公行为的透彻分析，能更好地理解该空间的家具形态。

7.4.2.2 休闲空间的家具形态

休闲空间，是员工放松、消除疲劳的空间，让员工从忙碌的办公室中解脱出来，也是各种交往活动得以发生的空间平台，在城市化的办公空间中占有很重要的地位。根据人的行为活动可以对休闲空间进行划分，停留观望的外廊、景观阳台，进行社交娱乐活动、自由研讨的咖啡厅、就餐空间、健身游戏空间等独处时的私密休息空间。

办公空间中的休闲空间，往往不会完全集中在一个区域，通常会穿插于各个功能空间之间或设置于某些角落空间，并配合1～2个大型集中式的休息空间，形成"城市广场"。休闲空间因轻松舒适的空间氛围，家具的形式较为丰富多样化，沙发、小茶几、吧桌、吧凳、扶手椅、阶梯式看台等都是常见的形式。休闲空间的家具需要给人一种随心惬意的感觉，能够带着笔记本电脑在这里轻松地办公，或者与团队、访客进行非正式的会议，有时也需要一个远离纷扰不受打扰的空间，因此，此空间家具的空间布局上兼具公共性的同时，要保障一定的私密性，如图7.59所示。

图 7.59　休闲空间丰富多样的家具

7.4.2.3 通行空间的家具形态

通行空间，包括水平方向的门厅、走道和竖向的楼梯、电梯间等，它是一个功能相对模糊的空间形式，有时只是纯粹的通行功能，但又会经常产生与他人相遇、寒暄、交流、讨论等行为。Dtac公司曼谷总部还将通行空间赋予了一种新的健身功能，将通行空间变为跑道的形式。从安全与通畅的角度考虑，通行空间应该是一个没有妨碍物、不阻挡行走的空间，其使用的家具较少，一般在空间允许的条件下，走道、门厅等通行空间可以在道路两旁放置长椅或储藏柜、书架等，方便过路人的临时交流以及丰富空间的储藏功能；在楼梯与电梯中一般不配置家具，除非是特殊情况的特殊设计，例如，当空间足够时，靠墙的楼梯可以在墙边设计展示架，也可将楼梯与公共休闲空间结合，营造一种充满活力的生态环境，如图 7.60 所示。

图 7.60　楼梯与家具的特殊配置

7.4.2.4　辅助空间的家具形态

辅助空间主要是机房、后勤区、储藏间、盥洗室、快递收发室等，它们不在办公空间中占有主要地位，但同样是不可缺少的。每个空间中具体的家具形式应与其功能相对应。例如，储藏间就应设计大量的柜类、层架类家具，并注意在设计上对储藏物品分类的引导，使人们潜意识做到物品分类，方便之后的翻看查找。同时，不同的储藏区域也应注意不同的功能附加需求，部分设计公司的材料样品间一方面要有储藏材料样品的作用，另一方面，要起到一个展示的作用，方便对客户进行材料样品的展示，对这一类型的储藏空间就更适合使用开放式的储藏家具，例如层架类家具，还应配置1～2 个展示桌，方便将样板的选择方案展示出来，并以这个桌子空间媒介展开项目讨论。

7.4.3　城市化众创办公空间家具整体化设计原则

从办公家具与办公空间的整体性上看，办公家具需要适应办公环境，而办公环境又融入了城市设计的思想，因此，在本质上就是办公家具的设计需要满足城市化的办公空间的需求，由此而言，办公家具的主要设计原则为以下几点。

7.4.3.1　满足工作形态变化需求

传统办公环境中员工总会长时间处于同一种办公形态中，如久坐于电脑前，这样一方面容易造成脊椎、脖颈等部位的劳损，另一方面会使员工处在一个厌烦的心理状态，对人体健康与办公效率的提高都有很大的抑制作用。移动有助于减少身体对脊椎的压力，向肌肉输送氧气，增加供给大脑的血液。移动是一种健康的调整方式，使得座椅能够在活动时有效地支持身体的需求。因此，办公家具的设计理应从人性的角度出发，鼓励不同的办公形式，从而促进办公形态的变化。

对于办公形态的革新式变化，站立式办公成为一种逐渐流行起来的办公方式，越来越多的企业为员工提供升降桌来鼓励员工站起来工作，站累了可以坐在配套的高脚椅上工作，后来也出现了跑步机办公桌，站立式办公可以通过家具的变化适应不同的工作形态。长时间的会议与高强度的头脑风暴时，通过高台面会议桌搭配高脚椅，可以方便更好地配合用户切换工作姿势；远程视频时，可以使用站立式台面办公桌，仿佛与会人近在眼前，让交谈过程更加轻松；休闲办公时，将跑步机与办公桌结合，在工作时便进行了锻炼。但是需注意的是长期站立办公并不是一种很好的缓解疲劳的解决方案，无论是何种工作模式，我们都应注意家具能满足工作形态变化的需求，如图 7.61 所示。

除了站立、靠着或者四处走动，大多数情况下我们都坐着——坐姿占据了我们一天当中很大一部分时间。但是，即使是坐着，我们也比想象中要活跃。美国办公家具品牌 Steelcase 在对多个小企业进行了调研之后，注意到人们一直处于活动状态，即使是坐着的时候。因此，座椅应当促进并支持这种坐着的活动状态，无论用户的

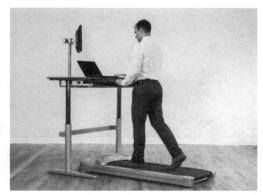

图 7.61　跑步机办公桌

体型或姿势，都能保持舒适，并且显得生动有趣。为此，Steelcase 研发出一种可随时处于活动状态的座椅：Turnstone Buoy，专为时下喜爱运动或自由晃动的人而设计，和人一样充满活力。Buoy 座椅具有如下 5 个特点：

（1）弧线底座鼓励灵活变动的坐姿，使得人们不会整天保持着同一种坐姿。（2）高度灵活调节，Buoy 的杠杆把手能提供 14cm 的高度调节，适合任何人使用。（3）为移动而设计，它拥有内置把手，且自身只有 9kg 重，方便移动，不论是参加一个关键会议还是专心投入自身工作，又或者是休息，它都能轻松做到如图 7.62 所示。（4）定制化设计，椅盖超过 25 种布料可供选择，包括一些专门的设计师布料，例如，Maharam 公司及英国设计师保罗·史密斯（Paul Smith）所设计的夸张夺目的格纹布料，如果对椅盖团感到乏味，可以随时定制属于自己的 Buoy 座椅。（5）多用途性，当你无法在 17 点收工时，Buoy 也不会。Buoy 的设计旨在成为人们活跃生活方式的一部分，Buoy 在家

使用和在教室或办公室里使用一样舒适。事实上，无论任何场合 Buoy 都表现得游刃有余，如图 7.63 所示。

　　(a) 弧线底座　　　　　　　(b) 高度灵活调节　　　　　　(c) 为移动而设计

图 7.62　美国办公家具 Steelcase 的 Turnstone Buoy 座椅

图 7.63　Turnstone Buoy 不同场合的使用

7.4.3.2　满足办公空间成长性需求

　　办公空间由于不同区域的空间使用强度不同，应具有灵活变化的潜力与可能性，以此尽可能地增加空间的使用效率，不至于出现长时间空间的闲置。另外，城市是不断发展的，城市化办公空间也会随着时间变化产生发展变化，办公家具与办公空间的整体化设计也应该能够促进办公空间的灵活变化，满足其成长性需求。由于空间中的其他元素远不如家具能够轻易被改变，因此，办公家具的设计成为解决这一问题的有效方法。

　　模块化设计能让家具随意变化，不断生成新的家具产品与家具组合。本书所探讨的办公家具设计的模块化，并不是希望设计师通过非常明显的模块组合形成一个空间，换句话说，就是不建议将模块的重复化利用得过于单一，实际上，大部分人对于过分明显的模块组合会产生排斥心理，没有人想要被拘束在一个又一个单元格中工作。在某种意义上，将应用恰当的模块化家具设计与规划有助于使办公空间应对不断变化与发展的需求，不会产生过时感。一个成功的办公家具模块化应用的案例，从整体上看起来家具的模块化规划显得不露痕迹，并且疏密有致，空间既不过于松散又不至于排列太过密集，并且可随时变换家具的排列组合来满足空间不断变化的使用需求，如图 7.64 所示。

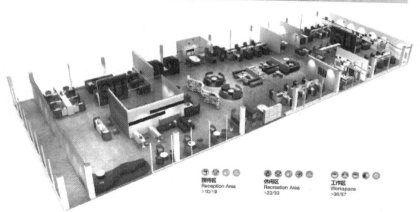

图 7.64　办公家具在办公空间中的模块化应用

7.4.3.3　与办公环境相一致

办公空间家具的整体化设计需要遵循与办公环境一致性的原则，在造型、风格、材料等应用上应与办公环境有所呼应，为办公空间的场所精神的营造起到一个辅助作用。本书所探讨的办公空间与家具的整体化设计研究，实际上就是对某一类型的办公空间家具的一个个性定制的过程，但这并不代表依据这些原则设计出的办公家具不能市场化大规模生产，它是具有普遍价值的，只要它在整体上与这一类型的空间不矛盾，不违背其个性特征，办公空间与家具就能充分展现其整体性与一致性。

7.4.3.4　与人机工程的结合

人机工程学与办公家具的结合主要是为了保护劳动者与提高工作效率，随着在"办公城市"中人的地位的不断提升，人机工程学也逐渐被更多的家具研发商和研究组织更广泛地应用。

人机工程学，是运用测量学、力学、生理学、心理学等知识，来研究人体结构与机能特征的一门学科。它需要测量人每个部分的尺寸、重量、体表面积、比重以及重心，了解每个部分在活动过程中的联系与可触及区域等人体结构参数；还包括具备的动作习惯以及出力范围等机能参数，来剖析人的各感官与系统的机能特性，与人在活动过程中的疲劳原因、生理变化、能量消耗和人在活动负荷承受时的适应能力，并讨论对人的工作效率与质量造成影响的心理因素。它是一门复杂的学科，需要大量的测量与研究支持，在设计上运用人机工程学理论时，可以参考前人与现今不断更新的丰富的研究成果。

7.4.4　城市化众创办公空间家具整体化设计方法

在家具设计的发展历程中，出现过很多具有建筑与室内背景的家具设计师，他们的跨界设计思想，往往融入了他们对空间的态度与组合式的不单独看待物体的思想观念，这样的思维模式是家具设计尤其是办公家具设计值得借鉴的，融合此思想的办公家具能更好地建立与空间的联系，更加统一与整体化。因此，本节主要从办公家具设计本身以及配置与规划方法两个方面，探讨城市化办公空间家具整体化设计的方法。

7.4.4.1　办公家具自适应城市化办公空间

办公家具的设计方法，实际上是一个理性与感性碰撞、灵感与经验融合的复杂过程。办公家具自身的设计适应城市化办公空间的设计方法，其实与一般设计方法并没有太大的区别，它只是更加具有针对性，将城市化办公空间的社交性、成长性、功能复杂化的特点，以及其中融合的城市元素作为研究重点，思考适应这些空间特点的办公家具该如何设计。本节提出办公家具适应城市化办公空间的设计方法主要为模块化设计。

模块化设计是指我们从整体性出发，对于一类或一定范围的家具产品进行研究后，设计创建一个系列的模块与接口，并确定其接口与组合方式的过程。它是随着时间的改变，空间的使用作为总体规划的一个部分，能够轻松地被重新安排与规划的一种手段，提供了在有限空间里的无限组合形式。一个模块基本上是定义为一个独立的单元，可以增减与重组，它使得空间能够不断变化，如通过桌椅的拼合，将一个典型的工作空间变为一间会议室。家具的模块化设计实际上是一种无形的资产，它基于空间尺度的测量、归纳、分类与总结的结果，可以作为空间规划的依据，形成最流畅与自然的空间布局。通常模块化家具有一定的标准性，通过恰当的节奏感组合形成一组空间家具，实现产品的多样性、解决产品的已过时的问题。

系统性模块化的设计方法，在家居空间中会有一定的局限性，但是对于办公空间中办公家具的应用，则完全反映了办公家具适应城市化办公空间规划设计的概念。首先具有完善功能的各个模块单元，进行简单的组合形成一组家具，再根据某一特定的功能空间的特点，反复组合发展形成不同形式的家具系统。在对空间的开放与封闭程度进行考量之后，采用不同的接口形式，并调整部件的尺寸与材质，从而塑造不同使用状态的办公环境。

办公家具模块化设计方法重点在于模块的具体策划过程，包括划分模块与创建模块。划分模块是指从功能出发对家具进行分解，分析找出功能上相同或者相近的结构单元，再将部分单元合并，使其成为通用的模块。家具模块根据功能的重要性可以分为基本模块、接口模块、特殊模块、适应模块和非确定性模块。基本模块通常是一个模块化组合家具中重复的、最基本的模块类型，它对应家具的基本功能；接口模块是用来连接基本模块的，具有安装功能，接口的连接与固定方式有不可拆的固定连接、可拆的固定连接和活动连接，3种连接方式在办公家具的模块设计中都可以运用到，现在越来越多的方式是活动连接，被连接的部件可以在一定方式与范围内运动；当家具需要达成某些特殊的要求使其功能更加完善时，特殊模块可以运用到，它并不是模块化家具的基本组成，而是一部分特殊的模块化家具特有的；适应模块是指用来完成家具的适时改变，以及适应其他系统功能的模块类型，它的功能是模糊、无法精确定义的；当一组完整的模块化家具，通过以上几种模块组合形成之后，随着用户功能需求的变化与发展，家具需要作出改变，此时，并不用将上述几种模块全部推翻，而是设计非确定的模块，将它与所选的原有模块进行组合，便可形成一组新的办公家具。模块化家具各构成模块与家具功能的关系，如图7.65所示。

通过上述分析可以发现，模块化办公家具具备功能的可转化性以及成长性，家具在增加不确定模块的设计后，重新组合可以得到具有新的使用功能的家具，这样就能够很好地适应不断变化发展，甚至是随时需要功能改变的"办公城市"的要求。

2010年德国红点奖办公系列获奖作品 Beta Workplace System，就是一个

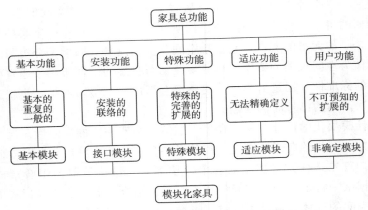

图 7.65　模块化家具各构成模块与家具功能的关系

有利于促进空间变化的出色的模块化办公家具作品，是一组绿色概念办公家具组合，通过开放、灵活地组合配置来创造变化多样的办公空间，它的主要模块为桌面、腿架、方格等，选择其进行不同形式的组合可以得到不同的家具，再对这些家具进行形式优化的组合，便能获得家具的最优空间布局形式，不同单体的组合能支持个人办公、即时交流、小组隔离室会议、小组临时会议、休闲放松等工作行为，几乎涵盖了办公活动中的所有行为模式。并且单体的构成激发了空间的成长性，也使规划布局有了变化，引导了一个充满生机的"办公城市"的出现。如图 7.66 和图 7.67 所示。

　　在模块化设计方法的使用过程中，当然还需要以一些基本的家具设计方法为支持，由苏联专家 G. S. Altshuller 创立的 TRIZ 理论，也就是发现问题并解决问题的方法，是在设计过程中需要用到的。我们通过细致地观察与体验发现并提出办公空间中家具存在的问题，来进行一一对应的解决方法的思考，比如随着电子产品的普及，办公座椅不能满足使用者长时间使用手机、iPad 等电子设备的需求，手远离桌面使用手机发送短信时，办公椅不能给予手一个很好的支撑，容易产生疲劳感，因此，发现这一问题后对扶手进行改进是不错的设计思路，采用一定技术手段使扶手能够像手臂一样灵活移动，让用户在任何位置都能获得有效的支撑，这样就解决了之前出现的问题。

7.4.4.2　办公家具整体化设计的配置方法

　　办公家具的规划与配置作为办公空间的空间划分与空间营造的一种手段，对于办公空间与家具的整体化设计是十分重要的，对整个室内环境的氛围与场所精神是否表达清晰有着决定性的作用。办公家具与城市化办公空间整体性的配置方法，主要从空间尺度与空间布局两方面考虑。

图 7.66 Beta Workplace System 的不同工作行为模式

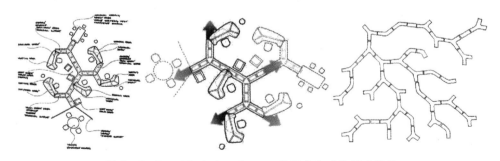

图 7.67 Beta Workplace System 的组合方式及其成长性

（1）从办公家具的空间尺度考虑。空间的物理尺度与心理尺度是办公家具配置的基础，物理尺度往往决定着心理尺度，给人一种特定的心理感受。不管是在工作空间还是休闲空间，交流与独立专注是常有的两种状态，由办公家具配置决定，人与人距离的远近对这两种状态的促进效果是不一样的。与他人的距离在 150～450mm 是一种亲密距离，人会产生一种自我保护意识，并容易受到他人的影响，不利于独立工作的进行；460～1220mm 的距离是个人距离，工作空间与社交场所保持这个距离是相对合适的，既方便交流，又不容易被打扰；1220～3600mm 的距离是一种社会距离，主要是陌生人之间以及对不了解的新职员或其他人应该保有的距离，这样不会产生侵犯意识，二者之间也不会产生任何影响。3600mm 以上的距离为公共距离，同许多人交流时，保持这个距离较为恰当，如展开一个大型讲座活动。

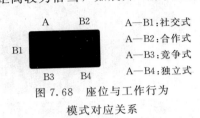

A—B1：社交式
A—B2：合作式
A—B3：竞争式
A—B4：独立式

图 7.68　座位与工作行为
模式对应关系

在对办公桌椅进行配置时，关注不同座位关系下的心理尺度变化，对适应不同工作行为的家具排布至关重要。如图 7.68 所示，A—B1 之间的交流只有桌子一角这一屏障，这样的位置与距离给人一种轻松融洽的心理感受，对于亲切气氛的营造与合作协议的达成有很好的作用；A—B2 双方是并排坐着的，彼此的交流毫无障碍，利用双方的协作；A—B3 容易形成一种竞争与对抗的气氛，常见于传统办公空间中上、下级之间的交谈，很难互相吐露真心与有效沟通；A—B4 是一种完全独立的座位方式，暗示着双方彼此间不想往来，常见于陌生环境中，人总是会优先选择对角线的座位，避免与对方打交道，因此，是合作型的工作就要避免采用这种座位排布形式。

总而言之，考虑家具配置的尺度关系，应该从人的心理思维模式着手去理解家具配置尺度的合理性，通过合适的尺度关系更好地促进办公活动的展开。

（2）从办公家具的规划布局考虑。国内建筑设计师、室内设计师与家具设计师的现状往往是各自为政的状态，他们更多的是考虑擅长的领域，彼此之间并没有太大的交集，因此，一部分家具设计师在办公家具的配置问题上往往只是故步自封，一味地坚持自己的设计理念，并没有意识到办公家具以空间需求为导向的重要性。其实不然，办公家具的规划布局也是办公家具设计应该考虑的因素，不论是室内设计师还是家具设计师，都不能以自己局限的思维单独考虑办公空间或办公家具的设计。一部分国外办公家具企业已经开始慢慢认识到这一点，美国办公家具商 Steelcase 每年都会在其各地的办公室举办设计师交流会，将优秀的室内设计师聚集一起共同探讨办公家具与办公空间的适应性问题。

通过对空间环境的深入认识，办公家具的布局形式能够更加流畅。封闭与开放程度不同的空间，家具排布的侧重点有所不同，开放性空间要注意的是家具的延伸感，就像一个有秩序的织网，不断发散组合，有疏有密，得到新的空间形态，这样的空间往往更加生动活泼。而封闭性强的空间就需要注意空间的严肃性，家具的排布应该更为规整，营造一个适合内部交流但隔绝外界纷扰的正式空间。

另外，对于同一空间而言，办公家具的规划布局应用有别于传统形式的思维进行思考，以此带来丰富的空间效果变化，反过来也是从本质上促进办公家具本身设计改变的一种手段，为新的办公家具的设计提供可能，如图 7.69 所示。

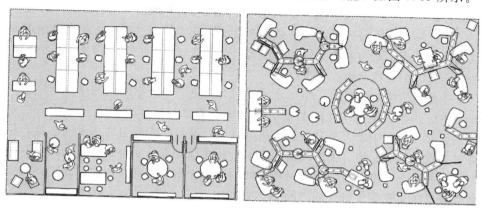

图 7.69 同一空间的不同家具布局思考

7.5 众创办公空间城市化设计实践

本节是将前文构建的设计体系，也就是融入城市设计思想的办公空间与家具整体化的设计策略，应用于实际众创办公空间的设计中，以验证所构建的设计体系是否切实有效。

7.5.1 客户需求分析

客户方为 Design Case 设计事务所，办公空间使用面积约为 $1500 m^2$，笔者受其委托在一栋双层的旧德式建筑中，进行其公司总部的办公空间的设计工作。

甲方的目标需求：

（1）工位保证在 200 个以上，由于设计工作的创造性需求，办公方式较为开放，需要满足不同的办公形态，规划不同形式的功能空间。并且由于项目团队的协同合作及团队自身的私密性需求，需要设置不同的工作单元。

（2）整个空间的风格干净利落，有较高的审美价值，空间中能激发人的思维创造力。

（3）小型的个人休息区或者电话区是必要的，保证个人业务的私密要求，但不可太过舒适，造成过长时间的空间占用。

（4）拥有 20 人左右的大型会议室，可供多个项目组展开项目会议，但是项目组的共同会议召开的频率并不高，一周 2～5 次，因此为减少空间的长时间闲置，此会议室最好做到大型会议与小型会议室的灵活转换。

7.5.2　空间设计过程

7.5.2.1　设计概念

工作质量和办公环境的质量是本次设计办公空间的过程中首先要考虑的两点。公司不能将富有创造性强加于员工，却能通过创造一个空间使员工的创造性具有更大的发挥余地。

办公场所应该不只是一个工作的场域，更是一个有机的生活栖息地，一座充满生机的办公城市。既然是生活的场域，那自然就要营造多几分生活的乐趣，让这个社群中的人充分爱上这块栖息地，滋养他们对生活热爱的态度，保持对工作的激情。结合甲方的目标需求，此次设计提出了一个"设计之城"的概念，在此设计事务所中，以对城市的回归为全新出发点，将这座二层办公空间打造成一个充满生机与活力的办公城市。

通过层次感丰富的空间形式、不规则的"天际线"、开放的广场、项目房间、流畅的街道动线、大自然的植入等方式引入城市元素，营造一个完全城市化的办公环境，使员工在这座城市中快乐地工作、生活与娱乐，完成丰富的社交活动。以城市中产生各种交往活动的子空间为依托，目的在于通过丰富多彩、生动活泼的交往形式和热闹与安静并存的空间氛围，激发员工的创作热情，提高工作效率，提升工作品质。

7.5.2.2　方案详述

经过反复的设计思考、转换与修改，最终的空间平面布局如图 7.70 和图 7.71 所示，共包括 210 个工位。该空间中包括导入空间、咖啡厅、中庭、项

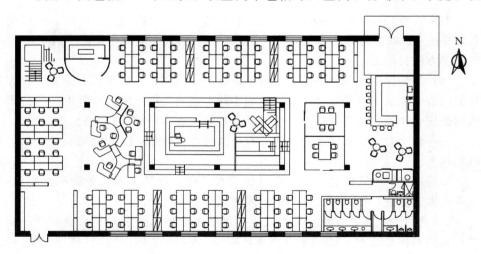

图 7.70　空间一层平面布置图

目房间、悬崖房间、活动会议室、开放工作区/开放工作隔间、电话间、开放展示区、储藏间和零碎休闲平台等，街则是通过地面、墙、天花板造型等元素进行塑造。

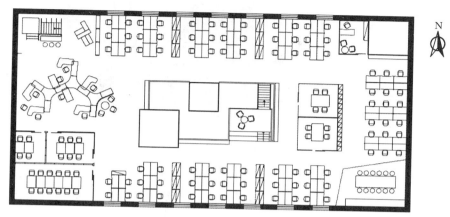

图 7.71　空间二层平面布置图

（1）导入空间。该空间设置了两个入口。主入口突出于整个建筑，如图7.72 所示，在材质上与建筑整体进行了区分，一方面扩大了主入口空间的面积，另一方面增加了整个建筑的辨识度。导入空间的整个空间具有双层挑高，如图 7.73 所示，使人从空旷的室外进入其中，再通向室内主空间时，有一种高度逐渐过渡适应的过程。

图 7.72　主入口

次入口一般只是员工进出的一个入口，并不设置接待台，入口处设置了一

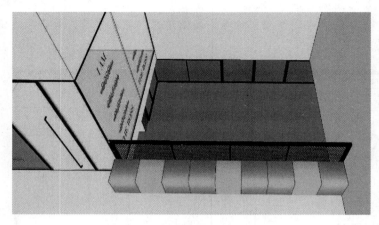

图 7.73　双层挑高的导入空间

个中型货架，方便员工接收的快件等其他不太贵重物品的存放，入口与工作区分隔的方式，采用了一个半通透隔断进行空间的模糊界定，如图 7.74 所示，并通过在经特殊设计的隔断中直接植入绿植，以及隔断层架上放置植物盆栽，增加空间的生机与活力，加强与大自然的亲近感。

图 7.74　次入口的半通透隔断

（2）咖啡吧。从主入口进入后映入眼帘的是一个咖啡吧台，如图 7.75 所示，给人一种极度放松的视觉感受，这是一个中型的公共休闲区的营造，同时也兼具接待前台的功能。以咖啡吧台塑造公司的接待前台，可以使访客对该空间的亲切感与好感度大增，加强对公司的认同感，并在吧台上方垂吊发光字牌，在主入口外向内看，公司品牌便一目了然。咖啡吧是办公场所改变的标志，能使员工感受到"街角咖啡店"的生机，这是对城市化办公空间中第三空间的强调。

咖啡吧由主吧台与休闲用餐区构成，主吧台是一个口字形围合吧台，两周

图 7.75 咖啡吧台

设置近吧台用餐区，增加用餐者与餐食制作者之间的互动，提供一个更为轻松、愉快的用餐环境。靠近吧台的用餐区，则更倾向于用餐者或交谈者之间的交流，为各种非正式的交往活动提供条件，如图 7.76 所示。

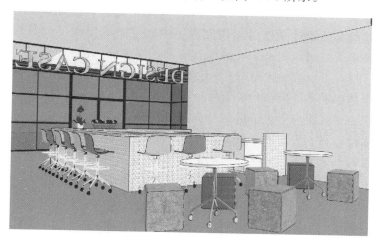

图 7.76 咖啡吧用餐区

（3）电话亭。为了满足客户的此项特殊要求，在咖啡吧旁设置了两个小型电话亭，其中一个可容纳一人进行独立工作或者私密的电话会议，另一个则可容纳 2~3 人进行小型讨论或者电话、视频会议。将电话亭设置于咖啡吧旁的目的，一方面给独立工作者或者私密电话用户营造一个轻松的氛围，并且通过透明玻璃隔断与实墙的结合，打造半私密、半开放的空间，让使用者在小空间中既能保留一定的隐私又不至于过于压抑；另一方面，是为了充分利用零碎空间，提高空间的使用率与使用品质，如图 7.77 所示。

图 7.77　电话亭

另外，该房间的空间尺度故意设计为较小，除了满足人活动的基本需求之外，没有多余的空间，这主要是为了减少员工因空间使用舒适度过高而长时间地占用空间，影响其他人的使用。

（4）中庭与"悬崖房间"。一层空间中 4 条街道交错相通形成一个节点区域，并随着凸起的设计手法的运用完成了中庭空间的塑造，如图 7.78 所示，这是一种模糊的空间限定形式，并没有明确的隔墙来分隔空间。这座"城市"中热闹的广场，可以容纳大型的开放会议或者分散型的小型群组讨论，也提供给员工一个休闲平台，坐在台阶上品一杯咖啡，看一本好书，闭目养神，放松紧绷的神经。中庭楼梯平台下部的金属隔断如图 7.79 所示，一方面可以增强楼梯的稳固性；另一方面由于其上部通透下部密闭的特性，是对其西侧的小型凹陷共享区的私密性支持和空间的限定分割。

图 7.78　中庭空间

图 7.79 楼梯平台下部的金属隔断

在中庭的上部是两个"悬崖房间",如图 7.80 所示,四周半透明的玻璃围合增加了空间的尺度感,也能够让人对房间的占用情况一目了然。这两个"悬崖房间"就像城市街边的高层建筑,从一层中庭向上观望时,给人一种惊奇但并不压抑的视觉感受。"悬崖房间"主要是进行比较私密的小型会议,设计中注重了对隔音的考量。"悬崖房间"看似悬空而建,没有任何结构支撑与受力,但它主要是利用二层高厚度楼板的连接和楼板下部的梁柱结构来支撑整个房间,并且空间四周并非全部由玻璃材料构成,也用到实墙作为空间中的支撑,另外,每一侧的玻璃隔断都有使用对角线形式的金属支撑构件,保证了整个房间的稳定性与安全性。

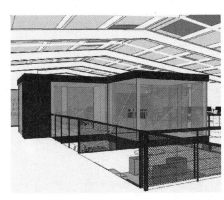
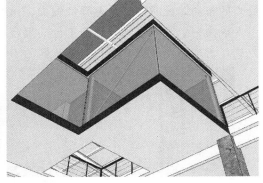

图 7.80 "悬崖房间"

整个中庭设计也结合了中国传统宅院中房与房之间天井的概念,解决由于空间过高形成四面围堵而造成光线不足的问题。利用二层斜面房顶的天窗引入自然光线,并通过通透的中庭空间,增加处于较低位置的一层空间的空间自然照明,赋予空间明亮温暖的感觉,如图 7.81 所示。这实际上也是以引入室外自然元素的手法重塑城市空间，突出室内空间室外化的城市设计主题。

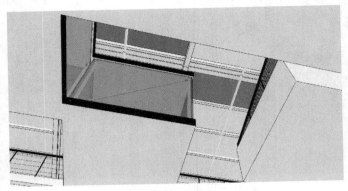

图 7.81　天井的天窗引入自然光线

（5）开放工作间。两层中每层各有 4 个开放工作区，包括 3 个普通开放工作区，如图 7.82 所示，1 个灵活组合的异形组合的开放工作区，如图 7.83 所示。普通工作区排列较为规则，一般以 12～18 个工位为一组，中间由与桌面同高的储藏柜进行空间分隔。灵活组合的工作区则是采用模块化设计的不同形状的办公桌与集电系统构成，集电系统本身又是一个小型的储存柜或开放展示柜。两种不同形式的开放工作区的设置，一方面是为了改变传统的工位排布方式，尝试新的家具排布形式；另一方面，也是对空间的充分利用，有些空间的形状与尺寸并不适合于普通工位的排布，或者由于物体的阻挡，工位不能进行恰当的布局，此时，形状差异性较大、角度不一、造型规则程度不同的家具的引入成为一个解决良方。灵活工位的组合一改传统工作空间呆板、规整的布局方式，营造出一种极富动感与趣味性的工作空间形式。

图 7.82　普通开放工作区

图 7.83 异形组合的开放工作区

（6）活动的大会议室。办公空间的二层配备了一个可容纳 20～25 人的大型正式会议空间，如图 7.84 所示，将会议空间设置于二层，主要是对隐秘性的考虑，一层的来往人流较二层而言过于密集，对会议需要的安静环境有一定的干扰。又由于公司办公模式对大会议室的必然需求，但大会议室的使用频率并不高，在此背景下，容易造成大会议空间的长时间闲置，因此，活动的会议空间成为一个很好的解决办法。

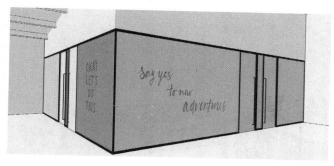

图 7.84 大型会议室

在大的空间中设置活动隔断，将空间分为 3 个小空间，如图 7.85 所示，包括 1 个可容纳 4 人的会议室、1 个可容纳 6 人的会议室以及 1 个可容纳 12 人的会议室。活动隔断双面都附有白板，方便会议过程中记录会议纪要或者进行头脑风暴等文字与草图手绘工作。在大型会议召开时，将活动隔断收拢，3 个小型会议室即刻变成 1 个大型的会议空间。会议空间的两周采用玻璃与金属框的隔断形式，既表现简洁干净的风格，此种材料的搭配又对办公空间的隔音有很好的效果。玻璃采用覆膜的半透明玻璃材质，将激发创作灵感与热情的标语印制其上，对员工有一定的鼓舞作用。

图 7.85　大型会议室活动隔断

（7）项目房间。项目房间是位于一层与二层主街中的 4 个"玻璃房子"，如图 7.86 所示，它们与"悬崖房间"共同承担小型项目会议的功能。但项目房间也可专门用作面试空间，它就像一个玻璃盒子，更加注重内部活动的透明化，也为空间增添一抹亮色和一丝趣味。至此，整个空间中拥有了 6 间独立封闭的房间、1 个大型会议空间与多个大型及零碎非正式会议空间，完全可以满足 200 多人的不同会议与交往需求。

图 7.86　"玻璃房子"

（8）通行空间。该空间的通行空间包括两个楼梯与多条街道。在此空间的通行空间的设计中，充分考虑到了交通性与其他功能的恰当结合，以及街的不同表现形式。位于中庭空间的直梯为主梯，由此而上经过一个小的休闲平台到达二层的开放工作空间，如图 7.87 所示。小型休闲平台与二层工作空间存在一个高度差，保证了一定的隐私性，可供员工们开展小型聚会或者临时会议，同时又是一个不错的放松身心的眺望台。另一个楼梯位于空间的东南角，它与一个开放式的展示柜相连，这是一个转角楼梯，楼梯与展示柜连接处形成阅览台阶，是一个不错的个人休息或阅读场所，如图 7.88 所示。由于设计公司的材料样板与设计资料是经常会用到的，开放的材料展示架一方面方便员工的使用，另一方面增加客户对公司专业度的认可。

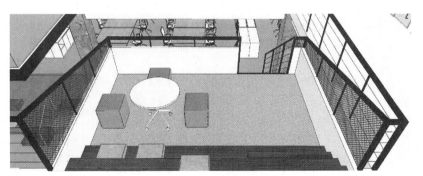

图 7.87　楼梯上的休闲平台

图 7.88　楼梯与展示柜相连

　　街的表现主要从天花造型、地面和墙进行表达，并且在部分街道空间中添加长凳、沙发组合和站立式工位，如图 7.89～图 7.91 所示。在不阻碍交通的前提下，给行走过程中相遇的员工提供一个寒暄、交流的机会，给需要小型非正式交流空间员工提供一个合适的场所，也为员工临时的变换工作形态提供条件。

图 7.89　"街"边的长凳

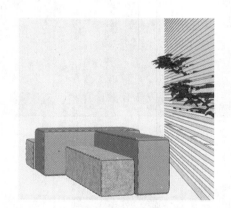

图 7.90　"街"边的沙发组合

图 7.91　"街"边的站立式工位

（9）储藏间。储藏间位于一层的转角楼梯旁，这是一间封闭的房间，可以存放一些私密性强的项目资料、财务文件等。储藏间外通过半圆形拉帘，营造出一个开放与封闭灵活转换的空间，一般用于项目组对材料样板的挑选与讨论，或者与客户确认材料样板的小型会议，在不使用该空间时可通过半透明性的拉帘起到对储藏间的隐藏作用，增加储藏间的机密性，如图 7.92 所示。储存间及这个小型会议空间与开放展示柜三者相连是为了适应工作流程的衔接，不造成任何反复工作引起的时间浪费，取拿材料、讨论样板、更换材料和最终确定整个工作过程一气呵成。

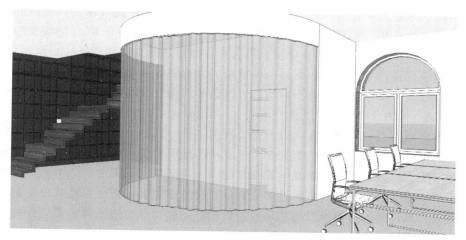

图 7.92 开放与封闭结合的储藏间

（10）特殊办公空间。由于部分工作的极强私密性需求，空间中除大量开放空间外，也设置了全封闭或半封闭的办公空间，如总经理办公室，如图 7.93

图 7.93 总经理办公室

所示、财务办公区等。但总经理办公区虽需要安静的办公环境需求，也应该减少总经理高高在上的专权统治感，营造一个更加和谐的团队协作氛围，因此，总经理办公室采用玻璃与金属框架作为其隔断形式，一方面与大型会议室相呼应，另一方面员工与总经理双方都能增加眼神的交流，加深相互间的亲切感。

7.5.3　家具设计与配置

本空间内的"Hello City!"系列办公家具，是以一种拥抱这座办公城市的姿态完全配合与融入该空间的设计，目的在于营造一致、整体化、连续性的办公空间。该系列家具组合灵活多变，能适应不同空间的功能需求，满足多样的工作形态的变化，并预留办公空间的成长空间，同时注重了结构与细节的把握。"Hello City!"包含了会议椅、办公椅、吧椅、休息空间椅子、小型沙发、长凳、会议桌、办公桌、休息桌、储藏柜、展示柜以及大型的主吧台，它们主要是通过对一个模块库中的不同构件进行选择与组合而构成。

7.5.3.1　造型设计

整个系列的家具想表现的是与办公环境风格一致的简洁明快、舒适优质而又不失趣味。因此，家具的造型摒弃了复杂的造型特质，以简单的线条提升家具的品质感。但是简单并不意味着细节的丢失，造型上的倒角、凸出、角度变化等，都体现了对细节品质的追求。灵活组合的工位区，则运用轻柔简单的曲线元素，以自然流畅的弧度增加用户的使用舒适度，在方便不同形式组合的同时不易造成磕碰。120°角的家具接口模块，为各个方向上家具的延续提供了可能。植物架屏风以矩形结构为单元，通过不断地叠加，形成一个植物架的模糊隔断。主入口处的吧台为空间中尺寸最大的家具，以口字形围合为简单造型，作为接待台的一侧借用平面的斜线分割与部分凸起，打造一面小型 LOGO 墙。整个空间中，家具的配色也是家具融入空间不可缺少的一步，配色整体上以素色为主，点缀少量明亮的颜色，让人在视觉感受上更加舒服，也增加了空间的整体感与统一性。

7.5.3.2　功能设计

"Hello City!"系列办公家具，满足了该办公空间中不同子空间的各种功能需求。包括工作区的协作办公、一般办公、站立办公、电子设备的使用和个人物品的储存等基本与辅助功能；休闲区的各类社交娱乐活动以及一定的技术支持；通行空间的短时间逗留与交谈；辅助空间如储藏间的物品储存与展示等。本次设计对于功能的考量，是以考虑各种可能发生的行为为核心来提供不同的解决方案。例如，办公桌并不总是只需要一个固定的高度，进行视频会议的时候或许站着会谈更加自然与亲切，此时办公桌需要升高到适宜用户站立使用的高度，此时，桌腿设置为两个金属构件的连接很好地满足了这个需求，通过替换不同高度的金属构件满足变化的高度。

7.5.3.3 结构设计

办公椅的椅腿采用了花瓣式四腿结构，通过结构的高度变化与框架式圆盘脚托配件的增减，达成不同的使用需求。椅面与椅背为一体成型式结构，并为不同的空间设计适合其空间特色的椅面与椅背的结构与造型，结合不同的配色形式。办公桌与会议桌的桌腿均采用两个金属构件以螺钉相连的结构来提高桌子的稳定性，并通过不同高度金属构件的组合来达到需要的高度。植物架以焊接的形式将铸铁稳固连接，背面的植物墙是对人造石进行烧铸、打磨形成细长条形植物盒。

7.5.3.4 材料分析

"Hello City!"系列办公家具充分体现了材料的综合运用，使用的材料包括喷漆金属、铸铁、喷漆中密度板、布艺、塑料、实木等。设计过程中材料并不是毫无理由地随意使用，而是充分考虑材料用于该结构的稳定性、材料的色泽与肌理等视觉效果、同空间环境的协调性、不同材料之间的搭配效果等，总而言之，就是以美感与实用性两方面为出发点。

7.5.3.5 家具配置

办公桌、会议桌与休息桌等由台面、桌腿以及配件构成，台面与配件可以进行不同形式的选择；办公椅、会议椅、吧椅的椅腿可选择带脚托的高脚、可移动与不可移动几种形式进行组合，靠背与椅面也有不同的选择，用以适应不同的空间。对于具有开放与成长性特征的灵活组合工作区，还提供了可组合的集电系统，这一集电系统既方便不能及时布线时的配电需要，也为不拘泥于一种形式的家具配置组合提供了可能。

普通开放办公区配备统一的长桌与办公椅，异形开放办公区配备异形办公桌、小长桌、120°集电接口家具、方形接口家具和办公椅，会议区配备可进行组合的小长桌、普通办公椅和高脚办公椅，零碎休息区、咖啡吧与主梯休闲平台配备长方体小沙发、圆桌、休闲椅、椅凳、吧凳、软垫，街道配备方形接口家具组合形成长凳。

7.6 本章小结

本章通过引入城市设计的相关理论，开展了众创办公空间与家具的整体化设计研究。基于办公空间与办公家具的特点，以城市与办公空间的关联性为出发点，阐述了城市与办公空间在理论关系、构成要素、表现形式和设计手法上的互通性，分析了办公家具需要满足使其系统化融入办公空间的需求，进而创新性地提出了办公空间的类城市化设计方法，以及办公家具的设计与配置的原则方法，重构了办公空间与家具的整体化设计体系。

（1）众创办公空间的设计需注重交流与社会交往的促进，保证第三空间，即公共休闲空间的品质，在丰富空间使用功能的基础上，具备明确的空间导向性和动线流畅性，达到空间的整体感与连续性。

（2）众创办公空间的类城市化设计方式是在直接整合城市要素后进行城市空间的拟态，从城市空间的构成要素出发，模仿其构成结构，在融合各元素结构的基础上，塑造场所精神和空间氛围。办公空间的类城市化设计方式通过图底关系图的应用，街道与广场原型的借用，以及办公空间的叙述性设计这些方法予以表现。

（3）众创办公空间的设计通过城市街道（热闹活力的通行空间）、城市节点（轻松开放的休闲空间）、城市区域（形式多样的工作空间）、城市标志（高辨识度的空间元素）、城市边界（颇具创意的墙）进行具体的表达，反映城市面貌与视觉形态的城市意象。

（4）众创办公空间家具的整体化设计，注重家具自身设计与家具配置，通过模块化的家具设计方法，考量家具配置的空间尺度与规划布局，使家具融入城市化的办公空间。

（5）引入"设计之城"的概念进行了众创办公空间与家具的整体化设计实践，验证了所构建设计体系的可行性。

第 8 章　众创空间室内环境设计指南

众创空间室内环境设计是一个需要综合考虑各方面因素的项目，本章通过梳理前面章节关于众创空间的设计原则与方法、众创空间的家具配置及旧工业建筑改造众创空间的案例实践的内容与经验，确定众创空间室内环境设计指南的定位，分析目前众创空间室内环境设计中存在的问题，以及应该具备的特性设计需求，并在此基础上归纳出切实有效的设计指南。

8.1　众创空间室内环境设计指南定位

众创空间的本质是通过市场化机制、专业化服务和资本化途径构建的低成本、便利化、全要素、开放式的新型创业服务平台的统称。这就意味着评价一个众创空间的综合实力占比大的绝对是其资源软实力，但良好的空间规划、室内环境设计不仅可以传递空间精神、增强创业团队的归属感，还可以促进交流协作、提高办公效率，因此众创空间室内环境设计对整个空间起到了有效的协同作用。而本书中提出的众创空间室内环境设计指南的定位是：为设计者、施工者，甚至众创空间内入驻的团队提供切实有效的参考，可以快速查找的手册，帮助他们明晰众创空间在室内环境方面所具备的特点、需求及相应的解决办法。

8.2　众创空间室内环境设计重点问题

随着"大众创业、万众创新"形势的火热发展，目前国内涌现了大量的各种形式的众创空间，同时关于这种新兴空间模式的室内环境设计研究少之又少，因此，相当大数量的众创空间室内环境设计中，或多或少存在着一些不合理的问题，笔者通过调研与分析提出相关问题，以期引起相关人员对此类问题的思考，如图 8.1 所示。

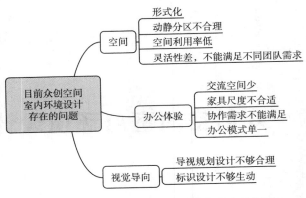

图 8.1　众创空间室内环境设计中存在的问题

8.3　众创空间室内环境设计需求分析

由于众创空间的功能特性，其室内环境设计相比于其他室内空间存在着明显的独特性，关于众创空间室内环境应该满足的功能需求在第 4 章有详细的介绍，本节仅从设计的角度分析并归纳出众创空间室内环境设计时，应重点满足以下 5 个设计需求：

（1）以需求为导向的设计。当代设计发生的最为显著的变化是从对于产品的关注到对使用者（人）的关注，众创空间室内环境设计同样需要从员工的办公需求、工作模式优化、空间文化需求出发。建立在对入驻空间团队及人员需求充分了解、对众创空间文化特性充足认知基础上，室内环境设计才能提供更好的办公体验。

（2）灵活弹性的办公环境。面对更加快速的团队发展变化、更加灵活的工作状态，注重众创空间室内环境中的灵活性、空间的多功能性和可拓展性，不仅可以创造大笔资产收益，同时创造了有趣的空间体验。如大会议室往往是利用率不高的空间，设计时可将空间分隔与家具做恰当的可移动处理，大会议室便可在其不用的时间内转变为发布会场、临时项目办公区、公司活动场地等，实现更加高效的利用。入驻团队、人员变动频繁也是众创空间所面临的问题之一，若在空间室内环境规划时能够结合充分考虑到这个问题，合理设置工位的增减方案，则能在一定程度上保证众创空间室内环境应对变化的弹性。

（3）主题性环境。为众创空间室内环境设立主题是展现、宣传空间文化与价值观的有效途径，将空间文化与价值观转化为合适的空间氛围或意向载体，从而完成对于环境的文化主题营造。如创新工场结合自身创业孵化器的定位，在室内环境中通过鸟巢孵化、希望树、极限运动等主题元素，体现了创新工场的创业文化，如图 8.2 所示。通过各孵化团队开放共享的办公环境、丰富的色彩营造出开放而又充满活力的空间氛围。Airbnb 公司在办公环境中通过对于轻松气氛、家庭氛围，既突出了其温馨的企业文化，也宣传了其共享家庭住宿的业务和理念。

图 8.2　众创空间室内主体性环境设计

（4）高效健康的工作体验。长时间固定姿势工作是引起疲惫与病痛的重要原因，因此，促进坐姿变换的座椅和提供站立办公的支持都是较好的改进方案。为员工提供多种办公环境选择，更可以平衡协作与专注，起到"放松一下，转换思路"的良好作用。此外，在办公环境中放置运动器材，营造健康氛围，对于形成良好的工作节奏也大有帮助。在创造性工作模式的条件下，不间断地面对电脑的机械工作已经对工作效率的提升没有任何价值。

（5）激发员工活力与创新思维。创造力是众创空间内各团队极为重要的资源，除了各个公司、团队内部制度的保障，通过空间环境也可对创造力的提升起到切实作用。提供更多的交流场所，在交流环境中设置书籍、工作相关物件等能启发工作思路、促进交流的内容，过程中所产生的零散信息与沟通，对于员工间解决问题、激发灵感、建立信任具有非常重要的作用。另外，在环境中多布置白板等能及时承载想法的工具，也是创造具有创造力的众创空间室内环境的重要方法。

8.4　众创空间室内环境设计流程

如图 8.3 所示，众创空间室内环境设计指南总结了涵盖设计前调研、功能分析、设计、项目落实的整个过程的进行流程，以及各个阶段所需要注意的点与包含的方面。由于具体内容均在第 5 章和第 6 章进行了详细介绍，本节不再赘述。

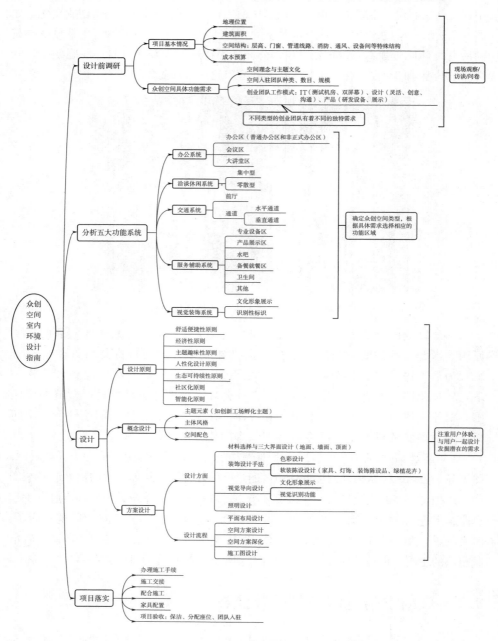

图 8.3　众创空间室内环境设计指南

8.5　本章小结

众创空间室内环境设计是一个需要根据具体空间情况，进行深入分析与设计的综合性实践性项目。本章明确了众创空间室内环境设计指南的定位，提出了目前众创空间室内环境设计中所存在的问题，以及应该具备的特性设计需求，创制了众创空间室内环境及家具配置设计指南，旨在让众创空间室内环境设计需求更加明晰，为后续众创空间室内设计及施工提供指导。

参 考 文 献

[1]　GB/T 14531—2008：办公家具　阅览桌、椅、凳 [S].

[2]　GB/T 14532—2008：办公家具　木制柜、架 [S].

[3]　GB 22792.2—2008：办公家具　屏风第 2 部分：安全要求 [S].

[4]　GB/T 22792.1—2009：办公家具　屏风第 1 部分：尺寸 [S].

[5]　GB/T 22792.3—2008：办公家具　屏风第 3 部分：试验方法 [S].

[6]　QB/T 2280—2016：办公家具　办公椅 [S].

[7]　QB/T 4156—2010：办公家具　电脑桌 [S].

[8]　QB/T 4935—2016：办公家具　屏风桌 [S].

[9]　柏庭卫，顾大庆，胡佩玲．香港集装箱建筑 [M]．北京：中国建筑工业出版社，2004.

[10]　贝尔，等．环境心理学 [M]．朱建军，等，译．北京：中国人民大学出版社，2009.

[11]　陈骏，张朋朋．面向小型工作室的智能化办公家具体验设计 [J]．包装工程，2016，(2)：121 - 124，129.

[12]　陈绍禹，左静，刘毅，等．互联网公司办公环境设计指南 [J]．家具与室内装饰，2016，(4)：106 - 108.

[13]　陈亚宁．旧工业建筑的生态再利用策略研究 [D]．湖南大学，2010.

[14]　曾群，等．空间再生：TJAD 新办公楼 [M]．上海：同济大学出版社，2012.

[15]　多尔利，等．别再羡慕谷歌——人人都可以有的创意空间 [M]．王军锋，等，译．北京：电子工业出版社，2014.

[16]　范蓓．办公空间设计 [M]．武汉：华中科技大学出版社，2015.

[17]　范海霞．各地众创空间发展政策比较及启示 [J]．杭州科技，2015，(3)：53 - 57.

[18]　高桥鹰志，等．环境行为与空间设计 [M]．董新生，译．北京：中国建筑工业出版社，2006.

[19]　高庆辉．加建或扩建——旧建筑现存空间的修复与改造性再利用 [C]．中国建筑学会 2003 年学术年会论文集，2013：689 - 698.

[20]　戈布尔．第三思潮：马斯洛心理学 [M]．吕明，等，译．上海：上海译文出版社，2006.

[21]　《国际最新室内设计》编写组．国际最新室内设计——创意办公空间 [M]．北京：化学工业出版社，2013.

[22]　郭红亮．一座老建筑的前世今生——由巴黎奥赛火车站改造看历史建筑的保护与利用 [J]．辽宁工业大学学报（社会科学版），2013，15 (2)：55 - 57.

[23]　郭易荻，黄亚南，周亚．基于互联网时代下的智能化办公家具设计探析 [J]．艺术品鉴，2016，(3)：68 - 69.

[24]　赫茨伯格．建筑学教程 2：空间与建筑师［M］．刘大馨，译．天津：天津大学出版社，2008.

[25]　黑川纪章．黑川纪章城市设计的思想与手法［M］．覃力，等，译．北京：中国建筑工业出版社，2004.

[26]　呼斯乐．办公空间光环境营造与光污染的防治［D］．内蒙古师范大学，2013.

[27]　黄岸．基于视觉心理学的办公空间照明设计的应用［D］．湖南师范大学，2013.

[28]　黄步瓯．成都东郊工业区旧工业建筑改造性再利用模式浅谈［D］．西南交通大学，2006.

[29]　黄丰明．建筑共享空间形态设计分析［D］．大连理工大学，2006.

[30]　黄祥安．赫曼米勒公司在中国的供应链管理模式研究［D］．上海交通大学，2008.

[31]　INWAY Design．互联网创业公司办公体验指南．

[32]　IT桔子．中国2015年第二季度投资创业盘点报告．

[33]　蒋旻昱．历史建筑室内空间改造设计研究——以上海大中里民立中学四号楼为例［D］．同济大学，2009.

[34]　简·雅各布斯．美国大城市的死与生［M］．金衡山，译．南京：译林出版社，2006.

[35]　卡尔斯·布鲁托．办公室设计手册［M］．范忧，译．南京：江苏科学技术出版社，2013.

[36]　肯尼斯·鲍威尔．旧建筑的改建和重建［M］．大连：大连理工大学出版社，2001.

[37]　凯文·林奇．城市形态［M］．陈朝晖，等，译．北京：华夏出版社，2001.

[38]　克莱尔·库珀·马库斯，等．人性场所：城市开放空间设计导则［M］．俞孔坚，等，译．北京：中国建筑工业出版社，2001.

[39]　克里斯托弗·亚历山大．建筑模式语言［M］．王听度，等，译．北京：知识产权出版社，2001.

[40]　库尔特·考夫卡．格式塔心理学原理［M］．李维，译．北京：北京大学出版社，2010.

[41]　李斌．环境行为学的环境行为理论及其拓展［J］．建筑学报，2008（2）：30－33.

[42]　刘丛红，潘磊，等．国外旧建筑适应性再利用研究及启示［J］．天津大学学报，2007，9（4）：370－372.

[43]　陆地．建筑的生与死［M］．南京：东南大学出版社，2003.

[44]　李嘉仪．具有多样化共享空间的住区设计研究［D］．长安大学，2014.

[45]　李平．空置工业建筑改造中的室内设计艺术［D］．青岛理工大学，2013.

[46]　李若星．林格托工厂改建，都灵，意大利［J］．世界建筑，2013，（5）：36－47.

[47]　李伟英．光环境设计在室内空间中的应用［D］．青岛理工大学，2013.

[48]　李文婷．国外社区化办公空间的功能和意义［D］．武汉理工大学，2007.

[49]　李晓红．旧工业建筑改造再利用研究［D］．天津大学，2008.

[50]　李洋．办公空间室内设计发展历史的回顾与启示［J］．内蒙古农业大学学报（社会科学版）．2009（3）：330－332.

[51]　李振．引导性设计在办公空间中的研究应用［D］．吉林建筑大学，2013.

[52]　连峰．组解式高层建筑综合体设计模式探讨［D］．西安建筑科技大学，2008．

[53]　梁岑，贺冠男．建筑中的城市感——城市设计对建筑内部空间设计的启示［J］．华中建筑，2013，(5)：140-143．

[54]　梁岑．城市外部空间构形手法对建筑复合空间设计的启示［D］．大连理工大学，2013．

[55]　林海．论大规模定制的家具设计［J］．家具与室内装饰，2004，(3)：56-59．

[56]　林俊．室内空间的动态化设计初探［J］．家具与室内装饰，2015，(5)：80-82．

[57]　刘闯．文化创意产业园城市设计方法研究［D］．北京建筑大学，2014．

[58]　刘春晓．创新2.0时代：众创空间的现状、类型和模式［J］．互联网经济，2015，(8)：39-43．

[59]　刘甜甜．当代办公空间设计研究［D］．北京服装学院，2009．

[60]　刘文鼎．建筑形象与城市印象——谈办公建筑的城市角色［J］．城市建筑，2005，(10)：19-23．

[61]　刘勇．办公建筑内部空间构成设计研究［D］．哈尔滨工业大学，2007．

[62]　吕炜，杨晓青，胡丽娟，申强．红车库：空间游戏进行时［J］．缤纷家居，2008，(7)：32-33．

[63]　卢求．生态智能办公建筑发展趋势［J］．智能建筑，2005，(6)：70-72．

[64]　卢韵琴．日本办公建筑的绿色生态设计及其评价［J］．暖通空调，2014，(11)：30-34．

[65]　芦原义信．街道的美学［M］．尹培桐，译．天津：百花文艺出版社，2008．

[66]　罗杰·特兰西克．寻找失落空间——城市设计的理论［M］．朱子瑜，等，译．北京：中国建筑工业出版社，2008．

[67]　林兆璋，倪文岩．旧建筑的改造性再利用［J］．建筑学报，2000，(1)：45-47．

[68]　马会媛．陈设设计在室内空间中的应用［D］．山东大学，2014．

[69]　马克·吉罗德．城市与人——一部社会与建筑的历史［M］．郑炘，等，译．北京：中国建筑工业出版社，2008．

[70]　马斯洛，等．马斯洛论管理［M］．邵冲，等，译．北京：机械工业出版社，2013．

[71]　玛丽莲·泽林斯基．新型办公空间设计［M］．黄慧文，译．北京：中国建筑工业出版社，2005．

[72]　倪良正．办公家具资料图集［M］．北京：中国建筑工业出版社，2010．

[73]　牛凯．现代办公建筑中的公共空间设计研究［D］．河北工程大学，2012．

[74]　诺伯格·舒尔茨．场所精神——迈向建筑现象学［M］．施植明，译．武汉：华中科技大学出版社，2010．

[75]　诺伯格·舒尔茨．建筑——存在，语言和场所［M］．刘念雄，译．北京：中国建筑工业出版社，2013．

[76]　企鹅智酷．中国细分人群创业潜力调查．

[77]　萨利·奥古斯丁．场所优势：室内设计中的应用心理学［M］．陈立宏，译．北京：电子工业出版社，2013．

[78]　尚建辉．旧建筑改造与再利用的形态语言及其技术应用研究［D］．河北工业大学，2007．

［79］ 石克辉，薛冰洁，胡雪松．结构美学视角下的旧工业建筑空间改造策略研究［J］．世界建筑，2013，（3）：112－114．

［80］ 施秀芬，李晓栋．谷歌家庭式办公［J］．华人世界，2008（10）：86－88．

［81］ 孙荟．商业办公空间照明设计研究［D］．云南大学，2014．

［82］ 孙莉．办公空间情感化设计表达运用研究［D］．西南交通大学，2013．

［83］ 孙茂林．室内绿化装饰设计研究［D］．西南大学，2011．

［84］ 孙琦．柏林电力工业建筑遗产的适应性再利用研究［D］．同济大学，2009．

［85］ 孙树霞．减少办公环境中有害物质的绿色室内设计研究［D］．西安建筑科技大学，2013．

［86］ 投中研究院．中国众创空间行业市场发展趋势及投资战略研究报告2015—2021年．

［87］ 托马斯·阿诺尔德．办公大楼设计手册［M］．王小兰，译．大连：大连理工大学出版社，2005．

［88］ 汪任平．生态办公场所的活性建构体系［D］．同济大学，2007．

［89］ 汪耘．办公环境设计［M］．安徽：安徽美术出版社，2012．

［90］ 王晨．城市公共空间导示设计研究［D］．湖北工业大学，2012．

［91］ 王富臣．形态完整——城市设计的意义［M］．北京：中国建筑工业出版社，2005．

［92］ 王海松，臧子悦．适应性生态技术在工业遗产建筑改造中的应用．华中建筑，2010，（9）：41－44．

［93］ 王洪亮，于伸．未来办公空间及办公家具的概念设计［J］．家具与环境，2006，（4）：72－75．

［94］ 王洪亮．办公家具高效化设计的研究［D］．东北林业大学，2007．

［95］ 王建光．老年人辅助站立座椅设计研究［D］．浙江大学，2008．

［96］ 王鹏，盛海涛．办公空间发展初探——TBWA/Chiat/Day公司的实践［J］．华中建筑，2007，（3）：69－71．

［97］ 王鹏．新型办公空间设计研究［D］．天津大学，2007．

［98］ 王巍．旧工业建筑内部空间的改造再利用研究［D］．北京工业大学，2008．

［99］ 王伟男．当代集装箱装配式建筑设计策略研究［D］．华南理工大学，2011．

［100］ 王小惠．办公建筑内部空间形态研究［D］．大连理工大学，2005．

［101］ 王旭光．未来办公室间的研究［D］．南京林业大学，2004．

［102］ 王莹．创意空间——欧美设计师室内创意设计作品解读［M］．北京：机械工业出版社，2012．

［103］ 王佐．利用建筑与城市相似性的设计方法［J］．华中建筑，1998，（4）：82－86．

［104］ 魏珊．浅论室内设计原则及设计要点［J］．法制与经济（中旬刊），2011，（10）：197＋199．

［105］ 吴小静．浅谈办公空间环境设计中的几个重要因素［J］．山西建筑，2009，（2）：57－59．

［106］ 武颖维．现代新型办公空间的室内系统化设计［D］．西北农林科技大学，2009．

［107］ 夏海山，白潇潇．"形式"与"功能"的绿色追随——由竹中工务店东京总部看

日本办公建筑的生态转型 [J]. 世界建筑，2007，(7)：116-119.

[108] 许柏鸣. 办公形态的发展与办公家具 [J]. 家具，2002，(1)：37-41.

[109] 许柏鸣，等. 办公家具设计精品解析 [M]. 南京：江苏科学技术出版社，2002.

[110] 许佳佳. 现代办公建筑室内环境生态设计的探索 [D]. 长安大学，2010.

[111] 徐超. 室内设计与建筑设计在"时空"维度中的关系 [D]. 河北大学，2007.

[112] 徐强. 材料在旧建筑改造与更新中的应用研究 [D]. 天津大学，2006.

[113] 薛坤. 办公形态及其演绎的初步研究 [D]. 南京林业大学，2004.

[114] 杨坤. 创意产业园的建筑空间研究 [D]. 大连理工大学，2006.

[115] 杨立彬. 旧建筑改造与再利用案例的分析 [J]. 山西建筑，2009，35 (20)：15-16.

[116] 杨毅. 交流，共享，流动——现代大空间办公模式的优劣与对策 [J]. 昆明理工大学学报（理工版），2008，(5)：49-52.

[117] 杨颖旎，张成刚，胡波，等. 城市旧工业建筑室内环境的重构与改造 [J]. 家具与室内装饰，2015，(12)：68-70.

[118] 杨纵横. 从空间到场所 [D]. 重庆大学，2013.

[119] 伊兰娜·弗兰克尔. 办公空间设计秘诀 [M]. 张颐，译. 北京：中国建筑工业出版社，2004.

[120] 尹波，等. 既有办公建筑室内空间改造再利用技术研究 [R]. 第十届国际绿色建筑与建筑节能大会暨新技术与产品博览会论文集，2014：1-8.

[121] 余泞秀，杨鸿玮. 绿色办公氛围的营造 [J]. 建筑与文化，2014，(6)：24-28.

[122] 袁媛. 企业办公空间个性化设计研究 [D]. 南京林业大学，2010.

[123] 张帆. 人体工程设计理念与应用 [M]. 北京：中国水利水电出版社，2010.

[124] 张景秋，陈叶龙. 城市办公空间 [M]. 北京：科学出版社，2012.

[125] 张湛. 美国办公家具设计理念研究及实践 [D]. 南京理工大学，2011.

[126] 张宗兰. 产业类历史建筑再利用中空间匹配问题研究 [D]. 华中科技大学，2011.

[127] 赵洪. 现代家具与建筑空间 [D]. 重庆大学，2008.

[128] 赵焕宇. 旧建筑与新功能空间——室内空间的改造与再利用 [D]. 吉林艺术学院，2007.

[129] 赵杰. 城市设计理论在古城保护中的应用研究 [A]. 规划 50 年——2006 中国城市规划年会论文集（中册）[C]，2006.

[130] 赵景伟，等. 城市设计 [M]. 北京：清华大学出版社，2013.

[131] 郑妮华，杨颖旎，胡波，等. 城市旧工业建筑室内环境改造 [J]. 家具与室内装饰，2015，(12)：54-56.

[132] 郑宇菲. 办公方式改变办公家具设计 [J]. 设计，2013，(12)：177-178.

[133] 朱·科特尼克. 集装箱建筑（设计指南＋30 个案例研究）[M]. 高源，译. 南京：江苏科技出版社，2013.

[134] 周卫. 历史建筑保护与再利用——新旧空间关联理论及模式研究 [M]. 北京：中国建筑工业出版社，2009.

[135] 朱文一. 空间·符巧·城市：一种城市设计理论 [M]. 北京：中国建筑工业出版

社，2010.

[136] 朱毅，刘宇，张明博，等 . 最具颠覆性的办公空间——Work8 众创空间 [J]. 中国建筑装饰装修，2015，（8）：74 – 83.

[137] 宗彦，等 . 剪纸艺术形式对室内空间界面设计的启示 [J]. 吉林建筑工程学院学报，2011，（3）：66 – 68.

[138] Amina Hameed，Shehla Amjad. Impact of Office Design on Employees' Productivity [M]. Saarbrücken：LAP Lambert Academic Publishing，1988.

[139] D. Rempel，A. Barr，D. Brafman，E. Young. The Effect of Six Keyboard Designs on Wrist and Forearm Postures. Applied Ergonomics，2007，38（3）：293 – 8.

[140] Daniela Pogade . The New Office Planning and Design [M]. New York：Links International，2008.

[141] Stringer，Leigh. The Green Workplace [M]. New York：St. Martin's Press，2010.

[142] Franklin D. Becker，Fritz Steele . Workplace By Design：Mapping The High – Performance [M]. New York：Jossey – Bass，1995.

[143] J. K. Chan，S. L. Beckman，P. G. Lawrence. Workplace Design：A New Managerial Imperative [J]. California Management Review，2007，49（2）：6 – 22.

[144] K. Probst，F. Perteneder，J. Leitner. Active Office：Towards an Activity – promoting Office Workplace Design [J]. Chi Extended Abstracts，2012：2165 – 2170.

[145] Kaplan，R. . The Role of Nature in the Context of the Workplace [J]. Landscape and Urban Planning，1993，（26）：193 – 201.

[146] Leaman A. ，Bordass B. . Are Users More Tolerant of "Green" Buildings [J]. Building Research and Information，2007，35（6）：662 – 673.

[147] L. S. Perry. The Aging Workforce：Using Ergonomics to Improve Workplace Design [J]. Professional Safety，2010：55.

[148] Nancy N. Schiffer. Knoll Home & Office Furniture [M]. Pennsylvania：Schiffer Pub LTD. ，2006.

[149] Oldenburg R. . The Great Good Place：Cafes，Coffee Shops，Community Centers，Beauty Parlors，General Stores，Bars，Hangouts，and How They Get You Through the Day [M]. New York：Paragon House，1989.

[150] P. Chigot. Controlled Transparency in Workplace Design：Balancing Visual and Acoustic Interaction in Office Environments [J]. Journal of Facilities Management，2003，2（2）：121 – 130.